# 单片机原理及应用

韩彩霞　张胜男　邹　静　刘新竹　孔祥斌　**编　著**

华中科技大学出版社

中国·武汉

# 内 容 简 介

本书以经典的 MCS-51 系列单片机 8051 为代表机型,从系统开发的角度,以实际项目为载体,介绍了单片机的内部资源以及常用外围扩展技术。书中所选用的项目全部可以采用 Proteus 仿真软件来实现。

本书以项目实现思路为主导,联系相应的理论知识,融"教、学、做"为一体,帮助读者更加深入地学习、理解相应的单片机理论知识。

本书可作为普通高等学校电子、机电、通信、自动化等专业的教材或参考书,也可作为相关工程技术人员的参考用书。

**图书在版编目(CIP)数据**

单片机原理及应用/韩彩霞等编著. 一武汉:华中科技大学出版社,2020.8
ISBN 978-7-5680-5945-9

Ⅰ.①单…　Ⅱ.①韩…　Ⅲ.①单片微型计算机-高等学校-教材　Ⅳ.①TP368.1

中国版本图书馆 CIP 数据核字(2020)第 145133 号

**单片机原理及应用**
Danpianji Yuanli ji Yingyong

韩彩霞　张胜男　邹　静　刘新竹　孔祥斌　编著

策划编辑:范　莹
责任编辑:李　露
封面设计:原色设计
责任校对:曾　婷
责任监印:徐　露
出版发行:华中科技大学出版社(中国·武汉)　　电话:(027)81321913
　　　　　武汉市东湖新技术开发区华工科技园　　邮编:430223
录　排:武汉市洪山区佳年华文印部
印　刷:湖北新华印务有限公司
开　本:787mm×1092mm　1/16
印　张:11.25
字　数:285 千字
版　次:2020 年 8 月第 1 版第 1 次印刷
定　价:32.00 元

# 前　言

本书由多所高校单片机课程教学一线教师编写,在内容的编排上结合应用型人才的特点,力求内容适当,知识由易到难、由浅到深,以能力培养为主线,以技术应用为目的,着重对单片机系统开发项目进行需求分析、电路设计、程序设计等,将理论知识融入项目设计过程中,使读者在应用中理解理论知识。本书具有如下特点。

在项目选择上,结合实际、突出应用;在编排上循序渐进;在内容阐述上,力求简明扼要、图文并茂、通俗易懂,便于教学和自学。

项目的硬件电路和程序可在 Proteus 软件平台上仿真、运行,通过调试项目,读者可对单片机资源使用及系统开发有完整的认知。

全书共分 6 章:第 1 章介绍单片机的发展历史、应用领域和单片机系统开发常用软件 Keil 的使用方法以及单片机内部硬件结构;第 2 章介绍单片机项目开发中常用的编程语言——C51 语言的数据类型、关键字以及对单片机的主要资源控制方法;第 3 章介绍单片机并行输入/输出接口的内部结构及功能;第 4 章、第 5 章介绍单片机定时器/计数器、中断系统和串行接口的结构及功能;第 6 章介绍单片机开发中常用的外围扩展技术,包括可调式电子时钟、多点测温系统等。

本书由韩彩霞、张胜男、邹静、刘新竹、孔祥斌共同编著。第 1、2 章由武昌工学院张胜男编写,第 3 章及附录由武汉文理学院韩彩霞编写,第 4 章由武昌工学院刘新竹编写,第 5、6 章由武昌工学院邹静编写。湖北工业大学工程技术学院孔祥斌对全书结构设计进行指导。

本书参考了国内相关教材和专著,在此谨向有关作者致以衷心的感谢!

由于编者水平有限,加之时间仓促,书中难免有疏漏或不妥之处,在此敬请各位读者多提宝贵意见并进行批评指正。

编　者

2020 年 7 月

# 目　　录

# 第1章 单片机硬件系统

【本章导读】 本章简要介绍单片机的发展历史、应用领域。主要介绍单片机系统开发常用软件以及8051单片机内部硬件结构。通过学习本章,学生应理解 Keil 软件的使用方法,掌握8051单片机内部硬件结构。

## 1.1 单片机简介

### 1.1.1 微型计算机

微型计算机简称"微型机"或"微机",它由微处理器、存储器、输入/输出接口电路和系统总线等组成。以微型计算机为主体,再配上系统软件和键盘、显示器等外部设备就构成了典型的微型计算机系统。

微型计算机系统发展至今,有两大分支。

一支为通用微型计算机系统(Universal Microcomputer System)。通用微型计算机系统是为满足众多普通应用场合需要而发展起来的个人计算机系统,其未来的发展方向为 CPU 速度的提升和系统存储容量的扩大。通用微型计算机系统支持的软件众多,它的硬件部分主要包括基本功能部件、接口部件和外部设备。基本功能部件由 CPU、存储器、主板组成,接口部件由显卡、声卡和网卡组成,外部设备包括显示器、鼠标、键盘等。

另外一支则为嵌入式计算机系统(Embedded Computer System)。嵌入式计算机系统能嵌入到对象体系中,其以实现对象体系智能化为目的,能满足对象体系的物理、电气和环境以及产品成本等要求,其发展方向为提高与对象系统密切相关的嵌入性能、控制能力与控制可靠性。

常见的嵌入式计算机系统有嵌入到大型对象中的工业计算机(如图 1.1 所示的船舶驾驶室集中控制台),及众多小型对象系统(如家电、仪器等)的嵌入式计算机系统,如图 1.2 所示。

### 1.1.2 单片机的组成

单片机是把组成微型计算机的各部件(微处理器、存储器、定时器/计数器及输入/输出接口电路和系统总线等)制作在一块芯片中,用于测控领域的单片微型计算机(Single Chip Microcontroller),简称单片机,其外形图如图 1.3 所示。由于单片机在使用时通常处于测控系统的核心并嵌入其中,因此常把单片机称为嵌入式控制器。

概括地讲,一块单片机芯片就组成了一台计算机。单片机具有体积小、质量轻、价格便宜等优点。

图 1.1 船舶驾驶室集中控制台

图 1.2 嵌入式应用的小型对象系统

图 1.3 单片机的外形图

### 1.1.3 单片机的发展历史

自从 Intel 公司在 1971 年推出 4004 单片机后，单片机技术的发展十分迅速。世界上一些著名的公司，如 Motorola 公司、Philips 公司等也相继推出了自己的产品。单片机技术的整个发展过程可以分为以下几个主要阶段。

1. 第一阶段：探索阶段

此阶段的典型代表产品为 Intel 公司在 1971 年 11 月推出的 4 位微处理器 4004，其集成有 RAM、ROM，集成度为 2000 只晶体管。其他公司也相继推出了 8 位微处理器。此阶段的单片机主要用于家用电器、计算器等。

2. 第二阶段:形成阶段

此阶段典型的产品有 Intel 公司的 MCS-48 系列单片机,该系列的单片机均是完整的 8 位单片机,其片内集成有 8 位 CPU、并行口、1 个定时器/计数器、64B RAM 、1KB ROM 和 2 个中断源等功能部件。随后,1978 年 Motorola 公司推出了 6800 系列单片机,Zilog 公司推出了 Z8 系列单片机等,奠定了单片机的结构体系。此阶段的单片机基本可以满足一般工业控制和智能仪器仪表的需要。

3. 第三阶段:提高阶段

这一阶段也可称为 8 位单片机的成熟阶段,以 1980 年 Intel 公司推出的 MCS-51 系列单片机为主要代表。这时的单片机的中断源、并行 I/O 口和定时器/计数器的个数都有所增加,并且集成有全双工串行通信接口,有些单片机甚至还具备 A/D、D/A 转换功能。这类高性能的单片机可用于智能终端、网络接口等领域。

4. 第四阶段:成熟阶段

这一阶段很多大电气公司、半导体公司都参与到了单片机产业中,推出了适合不同领域要求的单片机系列,单片机也从 8 位向 16 位、32 位发展。16 位或 32 位单片机的工艺先进、集成度高、内部功能强、运算速度快,而且允许用户采用面向工业控制的专用语言进行系统开发。很多型号的单片机具有 4 个 16 位的定时器/计数器、8 个中断源,以及总线控制部件,片外寻址范围可达 64 KB。这类单片机面向测控系统外围电路增强,使其可以方便灵活地用于复杂的自动测控系统及设备中。

综上所述,20 世纪 80 年代以来,单片机的发展非常迅速,很多公司均推出自己的产品,其中 Intel 公司推出的 MCS-51 系列单片机设计成功、容易掌握,在世界范围内得到了广泛应用。MCS-51 系列单片机包括基本型产品 8031、8051、8751 和增强型产品 8032、8052、8752。

本书以 Intel 公司的基本型 8051 单片机为主讲解其内部结构及使用方法。

# 1.2  单片机的应用

现代人类生活中几乎每件电子和机械产品中都会集成有单片机芯片,如手机、计算器、家用电器、电子玩具、掌上电脑以及鼠标等。汽车上一般配备有 40 多台单片机,复杂的工业控制系统上甚至可能有数百台单片机在同时工作。

1. 单片机在智能仪器仪表中的应用

单片机具有体积小、功耗小、功能强等特点,故其广泛应用于各类仪器仪表中(包括测定电压、频率、温度、湿度、流速、元素、位移、压力等的仪器仪表,如:微机多功能电位分析仪、微机温度测控仪、智能电度表、智能流速仪等),单片机的引入使得仪器仪表实现数字化、智能化、微型化,并提高了测试的自动化程度和精度。

2. 单片机在工业测控中的应用

单片机广泛用于工业过程监测、过程控制、工业控制、机电一体化控制系统中,如:温室的温度自动控制系统、报警系统、工业机器人的控制系统等。

3. 单片机在日常生活及家电中的应用

单片机越来越广泛地应用于日常生活中的智能电器产品及家电中，如：洗衣机、电冰箱、彩色电视机、心率监护仪、空调、微波炉、电饭煲、银行计息电脑、收音机、音响、电风扇、电子秤等。

4. 单片机在计算机网络与通信技术中的应用

单片机具备的通信接口为其在计算机网络与通信设备中的应用提供了良好的条件，相关应用有：串行自动呼叫应答系统、列车无线通信系统、单片机无线遥控系统等。

除以上方面外，单片机还广泛应用于办公自动化设备、汽车自动驾驶系统、计算机外部设备、航空航天电子系统等。

# 1.3 单片机系统开发常用软件介绍

## 1.3.1 编程软件 Keil

Keil 是德国 Keil Software 公司针对 51 系列单片机开发的软件包，包括 C 编译器、汇编编译器、连接器、库管理及仿真调试器，它们通过一个 Windows 下的集成开发环境（μVision）组合起来。Keil C51 是 51 系列单片机软件开发的 C 语言和汇编语言环境，可以进行纯软件仿真，也可以与 Proteus 软件联合进行仿真。

Keil μVision 的基本使用方法如下。

1. 建立工程

双击 μVision 快捷方式启动 μVision（此处使用的版本是 Keil μVision 5）。

启动后，点击"Project→New μVision Project…"菜单，如图 1.4 所示。

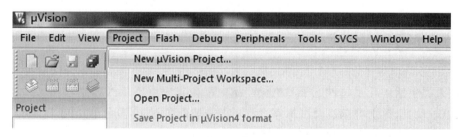

图 1.4 建立工程

在弹出的对话框中选择要保存工程的路径，在编辑框中输入工程名称（设为 exam），无需扩展名，如图 1.5 所示。

点击"保存"后会弹出一个新的对话框，如图 1.6 所示，要求选择单片机型号。Keil μVision 5 支持很多类型的单片机，本书讲解的是 51 系列单片机，根据需要选择"Atmel"目录下的"AT89C51"。

点击"OK"后，出现如图 1.7 所示的对话框。如果需要复制启动代码到新建的工程中，则点击"是"，不需要就点击"否"。这里不需要复制启动代码，选择"否"即可，工程建立完

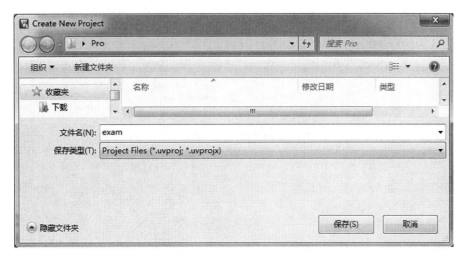

图 1.5 "Create New Project"窗口

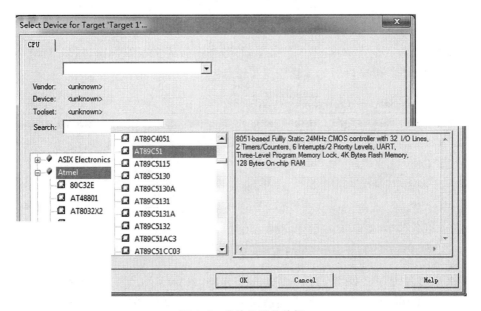

图 1.6 单片机型号选择

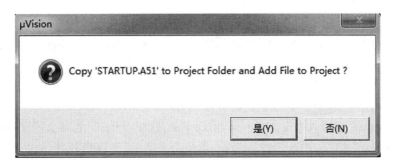

图 1.7 是否复制启动代码

成,如图 1.8 所示。

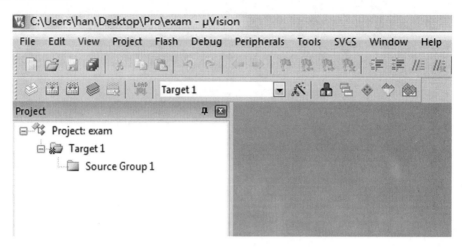

图 1.8　工程建立完成

2．添加源文件到工程中

如图 1.9 所示,点击"File→New…"菜单,打开一个新的文本编辑窗口,以 Text.c 为文件名保存文件(该文本编辑窗口即为源程序编写窗口)。

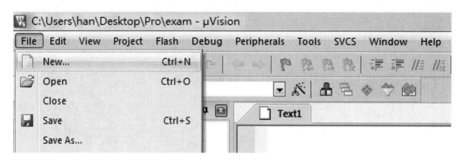

图 1.9　新建源程序文件

接下来添加源程序文件至工程中:右击"Source Group1",点击"Add Existing Files to Group 'Source Group1'…",以添加上述已保存的 Text.c 文件,如图 1.10 所示。

源程序添加完成后,界面如图 1.11 所示。

3．工程设置

右击 Project 窗口中的"Target 1",选择"Options for Target 'Target 1'…"选项后即出现工程设置对话框,如图 1.12 所示。该对话框中有很多选项,通常需要设置的为"Target"、"Output"和"Debug"三个选项。

（1）在"Target"选项卡中修改系统时钟频率为 12.0 MHz;

（2）在"Output"选项卡中勾选"Creat HEX File"选项,用于产生可执行文件;

（3）在"Debug"选项卡中选择"Use Simulator"选项,用于进行软件仿真。具体设置如图 1.13 所示。

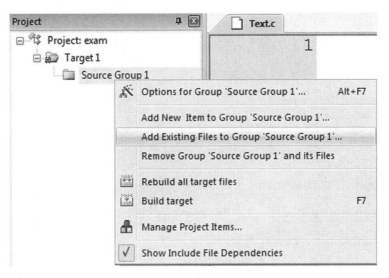

图 1.10 添加源程序文件至工程中

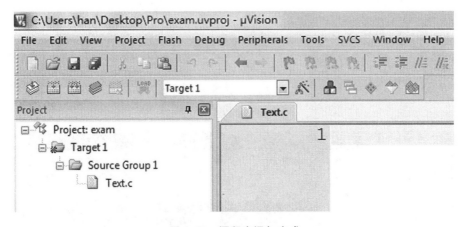

图 1.11 源程序添加完成

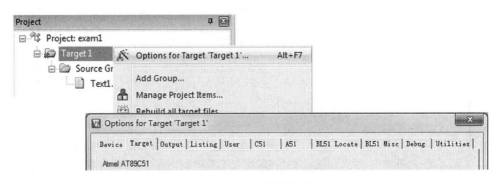

图 1.12 打开工程设置对话框

4. 程序编译

按下 F7 键或工具按钮启动编译、链接功能。完成后将在命令窗口中显示编译结果,若存在语法错误,双击出错提示即可看到错误所在行,如图 1.14 所示。

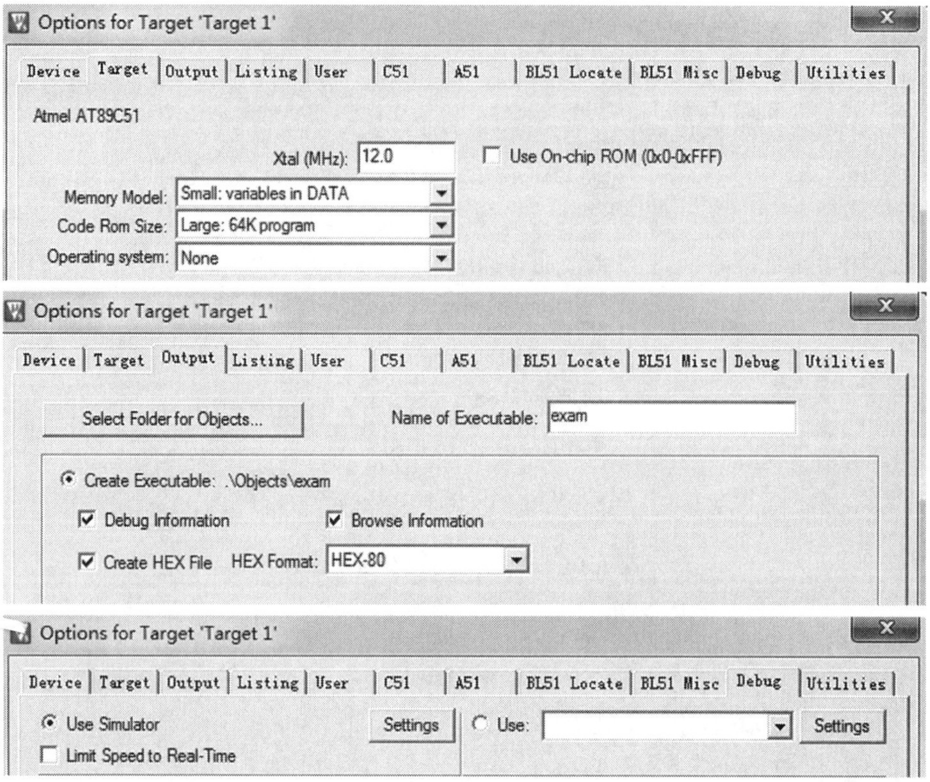

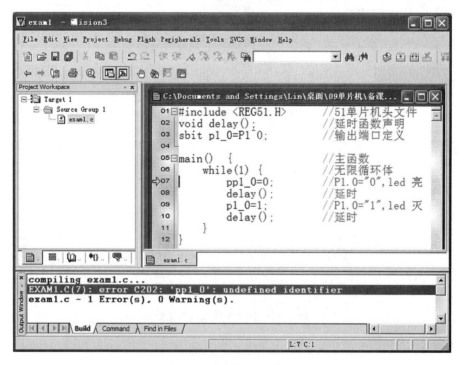

图 1.13　进行工程设置

图 1.14　程序编译

上述程序编译中出现了错误（error C202），后续再详细讲解。

### 1.3.2 仿真软件 Proteus

Proteus 是一电路分析与实物仿真软件，其由英国的 Labcenter Electronics Ltd. 开发，可提供原理图绘制、单片机系统仿真与 PCB 设计等功能（部分功能类似于 Multisim 软件的）。

1. ISIS 模块

ISIS 模块可以仿真多种 MCU，如 51、AVR、PIC、MSP 等；还可仿真许多电子元器件，如阻容元器件、开关、晶体管、集成电路、液晶显示器等；也可提供多种调试虚拟仪器，如示波器、信号源等。其基本使用步骤为：启动 ISIS、绘制电路原理图、链接 Keil 单片机程序编译过的 .hex文件、仿真运行。

有关 ISIS 模块的详细应用，将在第 3 章中介绍。

2. ARES 模块

ARES 模块一般用于 PCB 设计与制作，本书不作详细讲述。

## 1.4 8051 单片机的内部结构

单片机是将通用微型计算机系统基本功能部件集成在一块芯片上构成的一种专用微型计算机系统。芯片内集成的功能部件主要有 CPU、程序存储器、数据存储器、定时器/计数器、中断源、I/O 口等，8051 单片机内部结构如图 1.15 所示。

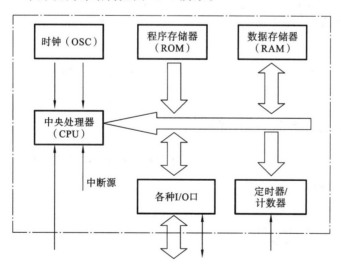

**图 1.15 8051 单片机内部结构图**

下面对图 1.15 中的部分部件作简要介绍。

### 1.4.1 中央处理器

中央处理器（CPU）是单片机内部的核心部件，8051 单片机的 CPU 是 8 位的，CPU 决定了单片机的主要功能特性。CPU由运算器和控制器两大部分组成。

**1. 运算器**

运算器是计算机的运算部件,用于实现算术逻辑运算、位变量处理、移位和数据传送等操作。其以算术逻辑单元(ALU)为核心,由累加器(ACC)、寄存器、程序状态字(PSW),以及十进制调整电路和专门用于位操作的布尔处理器等组成。

**2. 控制器**

控制器是计算机的控制部件,它由程序计数器(PC)、指令寄存器(IR)、指令译码器(ID)、数据指针(DPTR)、堆栈指针(SP)以及定时控制与条件转移逻辑电路等组成。它对来自存储器中的指令进行译码,并通过定时和控制电路在规定的时刻发出各种操作所需要的控制信号,使各部件协调工作,完成指令所规定的操作。

### 1.4.2　存储器

8051单片机采用哈佛型系统结构,它将程序和数据分别存放在两个存储器内,一个称为程序存储器,另一个称为数据存储器,即8051单片机的存储器在物理结构上分为程序存储器(ROM)和数据存储器(RAM)。存储器在物理上有四个相互独立的存储空间,分别为片内ROM、片外ROM、片内RAM、片外RAM。

### 1.4.3　I/O口

**1. 并行口**

8051单片机内部有四个8位并行接口P0~P3,共有32根I/O线。它们都具有双向I/O功能,均可以供数据输入/输出使用。

**2. 串行口**

8051单片机内部有一个全双工串行口(UART),可以进行串行通信,也可以进行并行I/O口扩展。

### 1.4.4　中断源和定时器/计数器

8051单片机片内有2个16位的定时器/计数器,可用于定时或计数。8051单片机具有5个中断源,2级中断优先级。

# 1.5　单片机的引脚

8051单片机共有40个引脚,其采取双列直插式DIP封装方式,如图1.16所示。引脚按功能可分为以下四大类。

### 1.5.1　电源引脚

电源引脚为单片机工作提供电源支持。8051单片机工作时,$V_{CC}$引脚接+5 V电源,$V_{SS}$

引脚接数字地。

### 1.5.2 时钟引脚

XTAL1:片内振荡器的反相放大器输入端。当使用片内振荡器时,该引脚外接石英晶体和微调电容。当使用外部时钟源时,该引脚接外部时钟源输出的时钟信号。

XTAL2:片内振荡器的反相放大器输出端。当使用片内振荡器时,该引脚外接石英晶体和微调电容。当使用外部时钟源时,该引脚悬空。

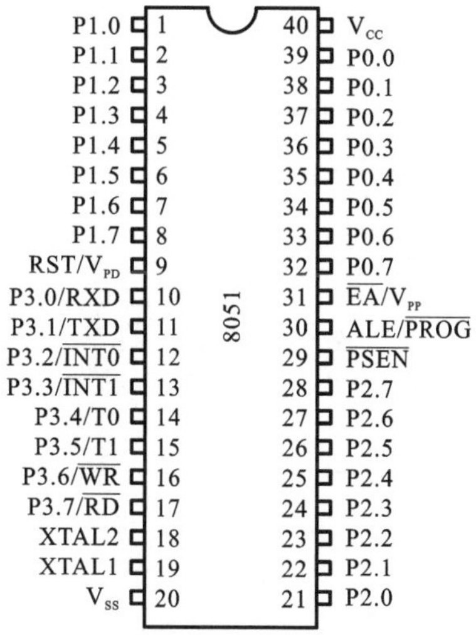

### 1.5.3 控制信号引脚

1. ALE/$\overline{\text{PROG}}$引脚

ALE 为 CPU 访问片外程序或数据存储器时锁存 P0 口输出的低 8 位地址锁存信号。不需锁存地址时,ALE 可用于对外输出时钟脉冲信号或用于定时,频率为振荡频率的 1/6。

$\overline{\text{PROG}}$为片内程序存储器的编程脉冲输入端,低电平有效。

2. $\overline{\text{PSEN}}$引脚

$\overline{\text{PSEN}}$为片外程序存储器读选通信号,低电平有效。

3. $\overline{\text{EA}}/\text{V}_{\text{PP}}$引脚

$\overline{\text{EA}}$为片外程序存储器选通端。该引脚有效(低电平)时,只选用片外程序存储器,对于内部无程序存储器的 8031 单片机来说,$\overline{\text{EA}}$必须接地。当$\overline{\text{EA}}$端保持高电平时,选用片内程序存储器,但当 PC 值超过片内程序存储器地址时,将自动转向外部程序存储器。

$\text{V}_{\text{PP}}$为片内编程电源引脚。

4. RST/$\text{V}_{\text{PD}}$引脚

RST 为复位信号输入端,高电平有效,在此引脚上加上持续时间大于两个机器周期的高电平,单片机即可复位。单片机正常工作时,此引脚为 0.5 V 低电平。

$\text{V}_{\text{PD}}$为备用电源引脚。当主电源 $\text{V}_{\text{cc}}$ 发生故障或电压降低到下限时,备用电源经此端向内部 RAM 提供电压,以保护内部 RAM 中的信息不丢失。

### 1.5.4 I/O引脚

8051 单片机有 32 个 I/O 引脚,分属于 4 个端口(P0～P3)。它们的基本用途为:

(1) 作为并行 I/O 输入通道(如按键/开关连接通道);

(2) 作为并行 I/O 输出通道(如数码管显示器连接通道);

(3) 作为串行通信通道(如双机通信的连接通道);

(4) 作为外部设备的连接通道(如存储器扩展通道)。

需要注意的是,在应用时,P1、P2、P3 已有内部上拉电阻,因而无需外接上拉电阻,而 P0 口内部没有上拉电阻,需外接上拉电阻。

图 1.16 8051 单片机引脚图

P3 口的每一位引脚都有第二功能,如表 1.1 所示。

表 1.1  P3 口引脚第二功能表

| 引脚 | 名称 | 第二功能定义 | 备注 |
|------|------|-------------|------|
| P3.0 | RXD | 串行通信数据接收端 | 输入 |
| P3.1 | TXD | 串行通信数据发送端 | 输出 |
| P3.2 | $\overline{INT0}$ | 外部中断 0 请求端口 | 输入 |
| P3.3 | $\overline{INT1}$ | 外部中断 1 请求端口 | 输入 |
| P3.4 | T0 | 定时器/计数器 0 外部计数输入端口 | 输入 |
| P3.5 | T1 | 定时器/计数器 1 外部计数输入端口 | 输入 |
| P3.6 | $\overline{WR}$ | 片外数据存储器写选通 | 输出 |
| P3.7 | $\overline{RD}$ | 片外数据存储器读选通 | 输出 |

# 1.6  单片机的存储器结构

## 1.6.1  程序存储器

程序存储器用来存放程序代码和常数,分成片内(内部)、片外(外部)两大部分,即片内 ROM 和片外 ROM。其中,8051 内部有 4 KB 的 ROM,地址范围为 0000H~0FFFH,片外用 16 位地址线扩充 64 KB 的 ROM,两者统一编址。

单片机执行程序时,是从片内 ROM 取指令,还是从片外 ROM 取指令,由引脚 $\overline{EA}$ 的电平高低来决定。当 CPU 的引脚 $\overline{EA}$ 接高电平时,PC 在 0000H~0FFFH 范围内,CPU 从片内 ROM 取指令;而当 PC 大于 0FFFH 时,则自动转向片外 ROM 取指令。当引脚 $\overline{EA}$ 接低电平时,8051 片内 ROM 不起作用,CPU 只能从片外 ROM 取指令,可以从 0000H 开始编址,如图 1.17 所示。

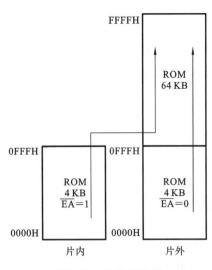

图 1.17  程序存储器

## 1.6.2  数据存储器

数据存储器用来存放运算的中间结果、标志位,以及数据的暂存和缓冲等。它也分为片内和片外两大部分,即片内 RAM 和片外 RAM,片内 RAM 和片外 RAM 是独立的。

片外数据存储器一般由静态 RAM 芯片组成。用户可根据需要确定扩展存储器的容量,MCS-51 系列单片机访问片外 RAM 可用 1 个特殊功能寄存器——数据指针寄存器寻址。由于数据指针寄存器是 16 位的,其可寻址的范围为 0~64 KB,因此,扩展片外 RAM 的最大容量是 64 KB。

8051 片内数据存储器最多可寻址 256 个单元,通常把这 256 个单元按功能划分为低 128 单元(单元地址 00H~7FH)和高 128 单元(单元地址 80H~FFH),分区如图 1.18 所示。低 128 单元有工作寄存器区、位寻址区和用户 RAM 区。

**1. 工作寄存器区**

32 个 RAM 单元共分四组,每组 8 个寄存单元(R0~R7)。寄存器常用于存放操作数及中间结果等。由于它们的功能及使用不作预先规定,因此称其为通用寄存器,或工作寄存器。四组通用寄存器占据内部 RAM 的 00H~1FH 单元地址。

**2. 位寻址区**

20H~2FH 单元为位寻址区,这 16 个单元(共计 128 位)的每一位都有一个 8 位表示的位地址,位寻址范围为 00H~7FH。位寻址区的每一个单元既可作为一般 RAM 单元使用,进行字节操作,也可以对单元中的每一位进行位操作。

图 1.18 片内 RAM 分区

## 1.6.3 特殊功能寄存器

除 PC 外,8051 片内高 128 字节 RAM 中,还有 21 个特殊功能寄存器,又称为专用寄存器(SFR),它们离散地分布在 80H~0FFH RAM 空间中。

8051 片内 21 个特殊功能寄存器的符号、名称及单元地址如表 1.2 所示。在这 21 个特殊功能寄存器中,有 11 个寄存器具有位寻址功能,即表 1.2 中的带 * 者。

表 1.2 特殊功能寄存器(SFR)一览表

| 符　　号 | 单 元 地 址 | 名　　称 |
|---|---|---|
| * ACC | E0H | 累加器 |
| * B | F0H | 寄存器 B |
| * PSW | D0H | 程序状态字 |
| SP | 81H | 堆栈指示器 |
| DPL | 82H | 数据指针低 8 位 |
| DPH | 83H | 数据指针高 8 位 |
| * IE | A8H | 中断允许控制寄存器 |
| * IP | B8H | 中断优先控制寄存器 |
| * P0 | 80H | I/O 口 0 |
| * P1 | 90H | I/O 口 1 |
| * P2 | A0H | I/O 口 2 |
| * P3 | B0H | I/O 口 3 |

| 符 号 | 单元地址 | 名 称 |
|---|---|---|
| PCON | 87H | 电源控制及波特率选择寄存器 |
| * SCON | 98H | 串行口控制寄存器 |
| SBUF | 99H | 串行口缓冲寄存器 |
| * TCON | 88H | 定时器控制寄存器 |
| TMOD | 89H | 定时器方式选择寄存器 |
| TL0 | 8AH | 定时器 0 低 8 位 |
| TL1 | 8BH | 定时器 1 低 8 位 |
| TH0 | 8CH | 定时器 0 高 8 位 |
| TH1 | 8DH | 定时器 1 高 8 位 |

对于特殊功能寄存器的字节寻址问题,需作以下说明:21 个可字节寻址的特殊功能寄存器是不连续地分布在片内 RAM 的高 128 单元之中的,尽管还有许多空闲地址,但对空闲地址的操作无意义,对用户来讲,这些单元是不存在的。书写特殊功能寄存器时,既可使用寄存器符号,也可使用寄存器单元地址。

# 习题一

1. 单片机与普通微机有何异同?
2. 51 单片机的片内集成了哪些功能部件? 请说明各部分的功能。
3. 51 单片机的存储器有何特点? 空间如何划分?
4. 51 单片机引脚按功能如何分类? 请说明各类的功能。

# 第 2 章　单片机 C 语言基础

【本章导读】　本章主要介绍单片机项目开发常用的编程语言。通过学习本章,学生应了解单片机 C51 语言的优点,掌握 C51 语言的数据类型、关键字、变量的定义方法等。

单片机项目开发中常用的编程语言有汇编语言和 C 语言,随着单片机和开发工具的发展,汇编语言已经不能满足实际需要,而 C 语言的结构化和高效性仍满足需要,因此其成为了目前单片机项目开发中的主要编程语言。

本书主要讲解利用 C 语言对单片机编程,单片机汇编指令作为附录内容,供大家查阅。

为 51 系列单片机设计的 C 语言称为 C51 语言,其特点为:

(1) 程序结构化,代码紧凑;

(2) 程序可读性强,易于调试、维护;

(3) 库函数丰富,编程工作量小,产品开发周期短;

(4) 具备机器级控制能力,功能强大,适合于嵌入式系统开发;

(5) 无需了解机器硬件和指令系统,只需了解单片机的存储器结构。

单片机 C51 语言与标准 C 语言在数据结构(数据类型、存储模式)、中断处理、端口扩展等方面有差异,但它们的语法规则、程序结构、编程方法没有差别。下面以例 2-1 程序为例,说明 C51 源程序的结构。

**例 2.1**　LED 灯的闪烁控制。

```
#include<reg51.h>              //51 单片机头文件      ——预处理命令
void delay();                  //延时函数声明        ——自定义函数声明
sbit LED=P1^0;                 //输出端口定义        ——全局变量定义
main()                         //主函数              ——主函数
{
    while(1)                   //循环体
    {
        LED=0;                 //P1.0 引脚输出低电平,引脚连接的 LED 点亮
        delay();               //延时                ——程序体
        LED=1;                 //P1.0 引脚输出高电平,引脚连接的 LED 熄灭
        delay();               //延时
    }
}
void delay(void)               //延时函数            ——自定义函数
{
    unsigned char i;           //定义字节型变量 i    ——局部变量定义
    for(i=200;i>0;i--);        //循环延时            ——程序体
}
```

从上面的例子可以看出,一个典型的 C51 源程序包含预处理命令、自定义函数声明、全局变量定义、主函数和自定义函数等,各部分的功能如下。

(1) 预处理命令:常用#include 命令来包含程序中用到的一些头文件,这些头文件中对变量或函数进行了集中定义或说明。

(2) 全局变量定义:定义程序中使用的全局变量。

(3) 自定义函数声明:声明源程序中自定义的函数。

(4) 主函数:main()是程序的入口,无论 main()放在程序代码中的哪个位置,程序总是从main()函数开始执行。

(5) 自定义函数:程序中用到的自定义函数的函数体。

# 2.1  C51 语言的标识符与关键字

标识符和关键字是一种编程语言最基本的组成部分,C51 语言同样支持自定义的标识符及系统保留的关键字。

1. 标识符

标识符用来标识源程序中某个对象的名字,这些对象可以是语句、数据类型、函数、变量、数组、存储方式等。

C51 语言的标识符由字符串、数字和下划线等组成,需要注意的是,第一个字符必须是字母或下划线,且保留字不能作为标识符,如:1Timer、5class、m * n、student name、int 是错误的,编译时便会有错误提示。由于有些编译系统专用的标识符是以下划线开头的,因此一般在命名标识符时不以下划线开头。

C51 语言与 C 语言一样对大小写敏感,如果我们要定义一个定时器 1,可以写作"Timer1",如果程序中有"TIMER1",那么它们是两个完全不同的标识符。

在命名标识符时应尽量简单命名,保证含义清晰,这样有助于阅读和理解程序。在 C51 语言中,只支持标识符的前 32 位为有效标识。

2. 关键字

关键字是编程语言保留的特殊标识符,它们具有固定的名称和含义,在程序编写中不允许标识符与关键字相同。

C51 语言在原有 ANSIC 标准关键字(附录 1)的基础上,又扩展了如表 2.1 所示的关键字。

表 2.1  C51 语言的扩展关键字

| 关　键　字 | 用　　途 | 说　　明 |
|---|---|---|
| bit | 位变量说明 | 声明一个位变量或位类型的函数 |
| sbit | 位变量说明 | 声明一个可位寻址的变量 |
| sfr | 8 位特殊功能寄存器声明 | 声明一个特殊功能寄存器(8 位) |
| sfr16 | 16 位特殊功能寄存器声明 | 声明一个特殊功能寄存器(16 位) |

| 关 键 字 | 用 途 | 说 明 |
|---|---|---|
| data | 存储器类型说明 | 直接寻址的 8051 内部数据存储器 |
| bdata | 存储器类型说明 | 位寻址的 8051 内部数据存储器 |
| idata | 存储器类型说明 | 间接寻址的 8051 内部数据存储器 |
| pdata | 存储器类型说明 | "分页"寻址的 8051 外部数据存储器 |
| xdata | 存储器类型说明 | 8051 外部数据存储器 |
| code | 存储器类型说明 | 8051 程序存储器 |
| interrupt | 中断函数声明 | 定义一个中断函数 |
| reentrant | 再入函数声明 | 定义一个再入函数 |
| using | 寄存器组定义 | 定义一个 8051 的工作寄存器组 |
| _at_ | 地址定位 | 对存储器进行绝对地址定位 |

# 2.2 C51 语言的数据

数据是单片机操作的对象,单片机的开发离不开对数据的处理。

## 2.2.1 数据类型

C51 语言的数据是以数据类型出现的,数据类型可分为基本数据类型和复杂数据类型,复杂数据类型由基本数据类型构造而成。

1. 基本数据类型

C51 语言中的基本数据类型有 char,int,long,float 等,如表 2.2 所示。

表 2.2 基本数据类型

| 数 据 类 型 | 位 数 | 长度/byte | 值 域 |
|---|---|---|---|
| unsigned char | 8 | 1 | 0~255 |
| signed char | 8 | 1 | −128~+127 |
| unsigned int | 16 | 2 | 0~65535 |
| signed int | 16 | 2 | −32768~+32767 |
| unsigned long | 32 | 4 | 0~4294967295 |
| signed long | 32 | 4 | −2147483648~+2147483647 |
| float | 32 | 4 | ±1.175494E−38~±3.402823E+38 |
| * | — | 1~3 | 对象的地址 |
| bit | 1 | — | 0 或 1 |

| 数 据 类 型 | 位　　数 | 长度/byte | 值　　域 |
|:---:|:---:|:---:|:---:|
| sfr | 8 | 1 | 0～255 |
| sfr16 | 16 | 2 | 0～65535 |
| sbit | 1 | — | 0 或 1 |
| enum | 16 | 2 | －32768～＋32767 |

2. 复杂数据类型

1) 结构类型

结构是一种构造类型的数据结构,它是将若干不同类型的数据变量有序地组合在一起而形成的一种数据的集合体。组成该集合的各个数据变量称为结构成员,整个集合体使用一个单独的结构变量名。

有三种定义结构变量的方法,分述如下。

(1) 先定义结构类型再定义结构变量。

定义结构类型的一般格式为:

```
struct  结构名
{结构元素表};
```

一个结构类型定义完成后,可以用它来定义结构变量。结构变量一般的定义格式如下:

```
struct 结构名 结构变量名 1,结构变量名 2,结构变量名 3……;
```

例如,定义一个日期结构类型 date,它由三个结构元素 year、month、day 组成,定义结构变量 d1 和 d2,定义如下:

```
struct  date
{
    int  year;
    char  month,day;
    }
    struct  date  d1,d2;
```

(2) 在定义结构类型的同时定义结构变量。

一般格式为:

```
struct 结构名
{结构元素表} 结构变量名 1,结构变量名 2,结构变量名 3……;
```

示例如下:

```
struct  date
{
    int  year;
    char  month,day;
```

```
}d1,d2;
```

（3）直接定义结构变量。

一般格式为：

```
struct
{结构元素表} 结构变量名 1,结构变量名 2,结构变量名 3……;
```

在定义了一个结构变量之后，可以对它进行引用，即可以进行赋值、存取和运算。一般情况下，结构变量的引用是通过对其结构元素的引用来实现的。引用结构元素的一般格式为：

结构变量名.结构元素

其中，"."是存取结构元素的成员运算符。

2）联合类型

联合也是 C51 语言中一种构造类型的数据结构。一个联合可以包含多个不同类型的数据元素，例如可以将一个 float 型变量、一个 int 型变量和一个 char 型变量放在同一个地址开始的内存单元中。以上三个变量在内存中的字节数不同，但却都从同一个地址开始存放，即采用了所谓的"覆盖技术"。这种技术可使不同的变量分时使用同一个内存空间，提高内存的利用效率。

联合类型变量的一般定义方法为：

```
union 联合类型名
{成员列表} 变量列表;
```

例如，定义一个 data 联合的形式如下：

```
union data
{
    float i;
    int j;
    char k;
}a,b,c;
```

与结构变量类似，对联合变量的引用也是通过对其联合元素的引用来实现的。引用元素的一般格式为：

联合变量名.联合元素

或

联合变量名→联合元素

注意：引用联合元素时，要注意联合变量用法的一致性。

3）枚举类型

在 C51 语言中，用作标志的变量通常只能被赋予下述两个值中的一个：True 或 False。但由于疏忽，我们有时会对一个在程序中作为标志使用的变量赋予除 True 或 False 以外的值。另外，这些变量通常被定义成 int 数据类型，从而使它们在程序中的作用模糊不清。如果我们可以定义标志类型的数据变量，然后指定这种被说明的数据变量只能赋值 True 或 False，不能赋予其他值,就可以避免上述情况的发生。枚举类型数据正是应这种需要而产生的。

枚举类型数据是一个有名字的某些整数型常数的集合。这些整数型常数是该类型变量可取的所有合法值。枚举类型定义应当列出该类型变量的可取值。

枚举类型定义的一般格式为:

    enum 枚举名　{枚举值列表} 变量列表;

枚举的定义和说明也可以分成两句完成:

    enum 枚举名　{枚举值列表};
    enum 枚举名　变量列表;

例如,定义一个取值为星期几的枚举变量 d1 的方式如下:

```
enum   week   {Sun,Mon,Tue,Wed,Thu,Fri,Sat};
enum   week   d1;
```

或

```
enum   week   {Sun,Mon,Tue,Wed,Thu,Fri,Sat} d1;
```

以后就可以把枚举值列表中的各个值赋值给枚举变量 d1 进行使用了。

枚举值列表中,每一项符号代表一个整数值。在默认情况下,第一项符号取值为 0,第二项符号取值为 1,第三项符号取值为 2,依此类推。此外,也可以通过初始化,指定某些项的符号值。初始化某项符号后,该项后续各项符号值随之依次递增。

## 2.2.2　常量和变量

常量是在程序运行过程中不能改变值的量,而变量是可以在程序运行过程中不断变化的量。变量支持所有 C51 编译器支持的数据类型,而常量支持的数据类型只有整型、浮点型、字符型、字符串型和位标量。

1. 常量

(1) 整型常量可以表示为十进制,如 123,0,−89 等;也可表示为十六进制,如 0x34,−0x3B 等;若表示为长整型,则在数字后面加字母 L,如 104L,034L 等。

(2) 浮点型常量可分为十进制数和指数表示形式。十进制数由数字和小数点组成,如 0.888,3345.345,0.0 等,整数或小数部分为 0 时,可以省略 0,但必须有小数点。指数表示形式为[±]数字,[数字]e[±]数字,[]中的内容为可选项,但其余部分必须有,如 125e3,7e9,−3.0e−3。

(3) 字符型常量为单引号内的字符,如'a','d'等,对于不可以显示的控制字符,可以在该字符前面加一个反斜杠(\)组成专用转义字符。

(4) 字符串型常量为双引号内的字符,如"test","OK"等。当双引号内没有字符时,字符串为空。在使用特殊字符时同样要使用转义字符,如双引号。在 C51 语言中字符串型常量是作为字符类型数组来处理的,在存储字符串时系统会在字符串尾部加上/转义字符,/作为该字符串的结束符。字符串型常量"A"和字符型常量'A'是不同的,前者在存储时多占用一个字节。

（5）位标量的值是一个二进制数。

常量可用在不必改变值的场合，如固定的数据表、字库等。常量的定义方式有如下几种：

```
#define False 0x0;              //用预定义语句定义常量
#define True 0x1;               //这里定义 False 为 0,True 为 1
unsigned int code a=100;        //用 code 把 a 定义在程序存储器中并赋值
const unsigned int c=100;       //用 const 定义 c 为无符号 int 常量并赋值
```

对于后两句，它们的值都保存在程序存储器中，而程序存储器在运行中是不允许被修改的，所以如果在这两句后面用了类似 a=110,a++ 这样的赋值语句，则在编译时会出错。

2. 变量

C51 变量定义的四要素为存储种类、数据类型、存储类型、变量名，其中，数据类型必须是有效的 C51 语言数据类型，变量名必须符合前述变量名定义规则，存储种类和存储类型可以省略。

1）数据类型

变量的定义由其数据类型决定，下面介绍 C51 语言与 C 语言相同的变量数据类型。有关 C51 语言扩展的数据类型后续介绍。

（1）字符型。

字符型（char）长度为一个字节，通常用于定义处理字符数据的变量或常量，分无符号字符类型（unsigned char）和有符号字符类型（signed char），默认为 signed char。

unsigned char 用字节中所有的位来表示数值，可表达的数值范围是 0～255。signed char 用字节中最高位来表示数据的符号，"0"表示正数，"1"表示负数，负数用补码表示，所能表示的数值范围是 −128～+127。unsigned char 常用于处理 ASCII 字符或用于处理小于或等于 255 的整型数。正数的补码与原码相同，负二进制数的补码等于它的绝对值按位取反后加 1。

（2）整型。

整型（int）长度为两个字节，用于存放一个双字节数据，分有符号整型数（signed int）和无符号整型数（unsigned int），默认为 signed int。signed int 可表示的数值范围是 −32768～+32767，字节中最高位表示数据的符号，"0"表示正数，"1"表示负数。unsigned int 可表示的数值范围是 0～65535。

（3）长整型。

长整型（long）长度为四个字节，用于存放一个四字节数据，分有符号长整型（signed long）和无符号长整型（unsigned long），默认为 signed long。signed long 可表示的数值范围是 −2147483648～+2147483647，字节中最高位表示数据的符号，"0"表示正数，"1"表示负数。unsigned long 可表示的数值范围是 0～4294967295。

（4）浮点型。

浮点型（float）在十进制中具有 7 位有效数字，是符合 IEEE—754 标准的单精度浮点型数据，占用四个字节。因浮点数的结构较复杂，暂不作详细的讨论。

（5）指针型。

指针型（*）本身就是一个变量，在这个变量中存放的是指向另一个数据的地址。这个指针变量要占据一定的内存单元，其在不同处理器中的长度不同，在 C51 中，它的长度一般为

1～3字节。

2）存储种类

（1）auto（自动型）：变量的作用范围在定义它的函数体或语句块内。执行结束后，变量所占内存即被释放。默认存储种类为自动型变量。

（2）extern（外部型）：在一个源文件中被定义为外部型的变量，在其他源文件中需要通过 extern 说明方可使用。

（3）static（静态型）：利用 static 可使变量定义所在的函数或语句块执行结束后，其分配的内存单元继续保留。

（4）register（寄存器型）：将变量对应的存储单元指定为通用寄存器，以提高程序运行速度。

3）存储类型

C51 变量的存储类型有 data、bdata、idata、pdata、xdata、code 等，各存储类型对应的存储空间如图 2.1 所示。

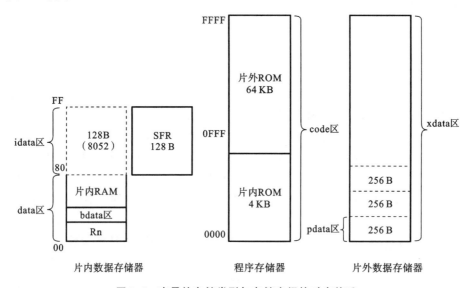

图 2.1 变量的存储类型与存储空间的对应关系

C51 编译器的 3 种编译模式分别对应于 3 种默认的存储类型，可根据当前采取的编译模式自动认定存储类型。若无特殊声明，一般均为 SMALL 编译模式。存储类型的存储空间如表 2.3 所示。

表 2.3 编译模式对应的默认存储类型

| 存储类型 | 变量存储区域 | 字节地址 | 特　点 | 编译模式 |
|---|---|---|---|---|
| data | 片内低 128B RAM | 00H～7FH | 访问数据的速度最快，容量较小，可作为常用变量或临时性变量存储器，难以满足需要定义较多变量的场合 | SMALL |
| bdata | 片内可位寻址区 | 20H～2FH | 允许位与字节混合访问 | — |
| idata | 片内高 128B RAM | 80H～FFH | 只有 52 系列有 | — |
| pdata | 片外低 256B RAM | 00～FFH | 常用于外部设备访问 | COMPACT |

续表

| 存储类型 | 变量存储区域 | 字节地址 | 特　　点 | 编译模式 |
|---|---|---|---|---|
| xdata | 片外 64KB RAM | 0000H～FFFFH | 常用于存放不常用的变量或等待处理的数据 | LARGE |
| code | ROM | 0000H～FFFFH | 常用于存放数据表格等固定信息 | — |

# 2.3　C51 语言对单片机主要资源的控制

C51 语言对单片机主要资源的控制主要体现在特殊功能寄存器的定义、位变量的定义,以及绝对地址的访问。

## 2.3.1　特殊功能寄存器的定义

对于 51 系列单片机的特殊功能寄存器,可以通过以下方法进行定义。

1) 使用 C51 扩展的数据类型 sfr 定义

sfr 占用一个内存单元,值域为 0～255。利用它可以访问 51 单片机内部的所有特殊功能寄存器。

语法规则为:

　　sfr sfr_name=字节地址常数;

如:

　　sfr P1=0x90;　　　//定义变量 P1 为端口 P1 在片内的寄存器

2) 使用 C51 扩展的数据类型 sfr16 定义

sfr16 占用两个内存单元,值域为 0～65535。

sfr16 和 sfr 一样用于操作特殊功能寄存器,所不同的是它用于操作占两个字节的寄存器,如定时器 T0 和 T1。

语法规则为:

　　sfr16 sfr_name=字节地址常数;

如:

　　sfr16 DPTR=0x82;　　//定义 DPTR 的低端地址 82H

## 2.3.2　位变量的定义

1. bit

bit 是 C51 编译器的一种扩充数据类型,利用它可定义一个位变量,但不能定义位指针,也不能定义位数组。它的值是一个二进制位,不是 0 就是 1,类似一些高级语言中的 Boolean 类型中的 True 和 False。

语法规则为:

　　bit bit_name ［=0 或 1］;

如:

　　bit door ＝0;　　//定义一个叫 door 的位变量且初值为 0

2. sbit

sbit 同样是 C51 编译器的一种扩充数据类型,利用它可以访问芯片内部 RAM 中的可寻址位或特殊功能寄存器中的可寻址位。定义有相对位地址和绝对位地址。关键词 sbit 用于定义 SFR 位地址变量,定义形式有三种。

（1）将 SFR 的绝对位地址定义为位变量名:

　　sbit　bit_name=位地址常数;

如:

　　sbit CY=0xD7;

（2）将 SFR 的相对位地址定义为位变量名:

　　sbit bit_name=sfr 字节地址^位位置;

如:

　　sbit CY=0xD0^7;

（3）将 SFR 的相对位位置定义为位变量名:

　　sbit bit_name=sfr_name ^ 位位置;

如:

　　sbit CY=PSW^7;

P1 端口的寄存器是可位寻址的,所以我们可以定义:

　　sbit P1_1=P1^1; //P1_1 为 P1 中的 P1.1 引脚

同样我们可以用 P1.1 的地址去写,如:

　　sbit P1_1=0x91; //后面的程序语句中就可以用 P1_1 来对 P1.1 引脚进行读写操作

通常这些是可以直接使用的,系统提供的预处理文件中,已定义好各特殊功能寄存器的简单名字,直接引用它们可以省去一点时间,当然使用者也可以自己写定义文件,用自己认为好记的名字。

### 2.3.3 绝对地址的访问

绝对地址的访问包括片内 RAM、片外 RAM,以及 I/O 的访问。C51 语言提供了两种常用的绝对地址访问方法。

1. _at_关键字

使用_at_关键字对指定的存储器空间的绝对地址进行访问的一般格式为:

　　[存储器类型]　数据类型　变量名　_at_　地址常数：

　　存储器类型为 data、bdata、idata、pdata 等 C51 能识别的类型，如省略则按存储模式规定的默认存储器类型确定变量的存储区域；数据类型为 C51 支持的数据类型。地址常数用于指定变量的绝对地址，其必须位于有效的存储器空间内，使用_at_定义的变量必须为全局变量。

　　**例 2.2**　通过_at_实现绝对地址的访问。

```
data unsigned char  x1 _at_  0x40;
                    / * 在 data 区定义字节变量 x1,地址为 40H * /
xdata unsigned int  x2 _at_ 0x2000;
                    / * 在 xdata 区定义字变量 x2,地址为 2000H * /

void  main(void)
{
    x1=0xff;
    x2=0x1234;
…
    while(1);
}
```

2. 绝对宏

　　C51 编译器提供了一组宏定义来访问 51 单片机的绝对地址空间。在程序中用 # include <absacc.h>即可以使用声明的宏来访问绝对地址。具体形式如下：

　　CBYTE——以字节形式对 code 区访问；

　　CWORD——以字形式对 code 区访问；

　　DBYTE——以字节形式对 data 区访问；

　　DWORD——以字形式对 data 区访问；

　　XBYTE——以字节形式对 xdata 区访问；

　　XWORD——以字形式对 xdata 区访问；

　　PBYTE——以字节形式对 pdata 区访问；

　　PWORD——以字形式对 pdata 区访问。

　　例如：

```
# include<absacc.h>
# define  x1  DBYTE[0x40]
          / * 定义 x1 为片内 RAM 地址,地址为 40H ,长度为一个字节 * /
```

# 2.4　C51 语言的基本运算与流程控制语句

## 2.4.1　基本运算

　　C51 语言对数据有很强的表达能力，其具有十分丰富的运算符用于完成基本运算，利用运算符可以组成各种各样的表达式及语句。

运算符就是完成某种特定运算的符号,表达式则是由运算符及运算对象所组成的具有特定含义的式子。运算符或表达式可以组成 C51 语言程序的各种语句。C51 语言是一种表达式语言,在任意一个表达式的后面加一个分号";"就构成了一个表达式语句。

1. 算术运算

(1) 算术运算符。

C51 中支持的算术运算符有 5 种:

| | |
|---|---|
| + | 加或取正值运算符 |
| - | 减或取负值运算符 |
| * | 乘运算符 |
| / | 除运算符 |
| % | 模(取余)运算符 |

加、减、乘运算相对比较简单。而对于除运算,如果相除的两个数为浮点数,则运算的结果也为浮点数;如果相除的两个数为整数,则运算的结果也为整数,即为整除。如 25.0/20.0 的结果为 1.25,而 25/20 的结果为 1。

对于取余运算,则要求参加运算的两个数必须为整数,运算结果为它们的余数。例如:5%3 的结果为 2;9%5 的结果为 4。

(2) 算术运算符的优先级。

先乘除模,后加减,括号最优先。

(3) 算术运算符的结合性。

自左至右运算,又称为"左结合性"。

(4) 自增减运算符:使变量值自动加 1 或减 1。

++i,--i:在使用 i 之前,先使 i 加(减)1;

i++,i--:在使用 i 之后,再使 i 加(减)1。

注意:自增减运算只能用于变量,不能用于常量;"++"和"--"的结合方向是"自右向左"。

(5) 数据类型转换。

在进行表达式求值或运算时,必须使各个变量的数据类型一致。如果一个运算符的两侧的数据类型不同,则必须通过数据类型转换将数据转换成同类型。转换的方式有以下 2 种。

① 用强制类型转换符"()"对数据类型进行显式转换,如:

```
int i,j;
char a;
j=i+(int)a;
```

② 用 C 语言默认的数据类型优先级进行隐式转换。

隐式转换的优先级顺序为:bit →char →int →long →float;signed →unsigned。

如果有几个不同数据类型的数据同时参与运算,则先将低级别的数据类型隐式转换为高级别类型后再做运算,并且运算结果为高级别数据类型。例如,当 char 型与 int 型进行运算时,先自动将 char 型扩展为 int 型,然后与 int 型进行运算,运算结果为 int 型。

2．关系运算

（1）关系运算符。

C51 中有 6 种关系运算符：

> 　　大于
< 　　小于
>= 　　大于等于
<= 　　小于等于
== 　　等于
!= 　　不等于

关系运算用于比较两个数的大小，用关系运算符将两个表达式连接起来形成的式子称为关系表达式。关系表达式通常用来作为判别条件构造分支或循环程序。关系表达式的一般形式如下：

表达式 1　关系运算符　表达式 2

关系运算的结果为逻辑量，成立为真（1），不成立为假（0）。其结果可以作为一个逻辑量参与逻辑运算。

如：5＞3，结果为真（1），而 10==100，结果为假（0）。

注意：关系运算符等于"=="是由两个"="组成的。

（2）关系运算符的优先级。

大于、小于、大于等于、小于等于的优先级相同，等于、不等于的优先级相同，且前 4 种的优先级高于后 2 种的。

（3）关系运算符的结合性。

关系运算符的结合性为左结合性。

3．逻辑运算

关系运算符用于反映两个表达式之间的大小关系，逻辑运算符则用于求条件式的逻辑值，用逻辑运算符将关系表达式或逻辑量连接起来的式子就是逻辑表达式。

C51 有 3 种逻辑运算符：

|| 　　逻辑或（OR）
&& 　　逻辑与（AND）
! 　　逻辑非（NOT）

1）逻辑与

条件式 1 && 条件式 2

当条件式 1 与条件式 2 都为真时结果为真（非 0 值），否则为假（0 值）。

2）逻辑或

条件式 1 || 条件式 2

当条件式 1 与条件式 2 都为假时结果为假（0 值），否则为真（非 0 值）。

3）逻辑非

！条件式

当条件式为真（非 0 值）时,结果为假（0 值）;当条件式为假（0 值）时,结果为真（非 0 值）。
例如:若 a＝8,b＝3,c＝0,则！a 为假,a&&b 为真,b&&c 为假。
逻辑运算符的结合性为左结合性。

**4. 位运算**

C51 语言能对运算对象按位进行操作,它与汇编语言的使用一样方便。位运算按位对变量进行运算,并不改变参与运算的变量的值。如果要求按位改变变量的值,则要利用相应的赋值运算。C51 中位运算符只能对整数进行操作,不能对浮点数进行操作。C51 中的位运算符有:

&  按位与
|  按位或
^  按位异或
-  按位取反
<<  左移,移位后,空白位补 0,溢出的位舍弃
>>  右移

**例 2.3**  设 a＝0x54＝01010100B,b＝0x3b＝00111011B,则 a&b、a|b、a^b、-a、a<<2、b>>2分别为多少?

a&b=00010000B=0x10;

a|b=01111111B=0x7f;

a^b=01101111B=0x6f;

-a=10101011B=0xab;

a<<2=01010000B=0x50;

b>>2=00001110B=0x0e。

**5. 指针运算**

指针是 C51 语言中的一个十分重要的概念,其数据类型中专门有一种指针类型。指针为变量的访问提供了另一种方式,变量的指针就是该变量的地址,还可以定义一个专门指向某个变量的地址的指针变量。

C51 指针的一般定义形式为:

数据类型［存储类型 1］＊［存储类型 2］变量名［＝& 被指向变量名］;

其中,数据类型为被指向变量的类型,如 int 型或 char 型;存储类型 1 为被指向变量所在的存储区,缺省时由地址赋值关系决定;存储类型 2 为指针变量所在的存储区,缺省时为编译器默认的存储区。

指针运算符"＊"放在指针变量前面,通过它实现访问以指针变量的内容为地址所指向的存储单元。如:指针变量 p 中的地址为 2000H,则＊p 所访问的是地址为 2000H 的存储单元,x=＊p 实现把地址为 2000H 的存储单元的内容传送给变量 x。

关于指针,应注意两个基本概念:变量的指针和指向变量的指针变量。

变量的指针就是变量的地址。对于变量 a,如果它所对应的内存单元地址为 2000H,则它的指针就是 2000H。

指针变量是指一个专门用来存放另一个变量地址的变量,它的值是指针。指针实质上就是各种数据在内存单元的地址。对于 C51 来讲,指针定义应包括以下信息:

(1) 指针变量的存储类型(自身位于哪个存储区中);

(2) 被指向变量的数据类型和存储类型。

**例 2.4** 若采用 SMALL 编译模式,试解释下述定义的含义。

```
char xdata a='A';
char *ptr=&a;
```

ptr 是一个指向 char 型变量的指针,它本身位于 SMALL 编译模式默认的 data 存储区,此时它指向位于 xdata 存储区的 char 型变量 a 的地址。

6. 地址运算

取地址运算符"&"放在变量的前面,通过它取得变量的地址,变量的地址通常送给指针变量。如:设变量 x 的内容为 12H,地址为 2000H,则 &x 的值为 2000H,如有一指针变量 p,则通常用 p=&x 实现将变量 x 的地址送给指针变量 p,指针变量 p 指向变量 x,以后可以通过 *p 访问变量 x。指针变量经过定义之后可以像其他基本类型变量一样被引用,如:

```
int   x,* px,* py;   /* 定义变量及指针变量 */
px=&x;              /* 将变量 x 的地址赋给指针变量 px,使 px 指向变量 x */
* px=5;             /* 等价于 x=5 */
py=px;              /* 将指针变量 px 中的地址赋给指针变量 py,使指针变量 py 也指向 x */
```

## 2.4.2  流程控制语句

C51 程序有 3 种基本结构:顺序结构、选择结构和循环结构。

顺序结构是最基本、最简单的结构,在这种结构中,程序由低地址到高地址依次执行,不过多介绍。下面主要介绍选择结构和循环结构中常用的流程控制语句。

2.4.2.1  选择(分支)控制语句

选择结构可使程序根据不同的情况,选择执行不同的分支,在选择结构中,程序都先对一个条件进行判断。当条件成立,即条件语句为"真"时,执行一个分支;当条件不成立,即条件语句为"假"时,执行另一个分支。如图 2.2 所示,当条件 P 成立时,执行语句 A;当条件 P 不成立时,执行语句 B。

在 C51 中,实现选择结构的语句有 if 语句和 swith 语句。

1. if 语句

if 语句是 C51 中的一个基本条件控制语句,它通常有三种格式:

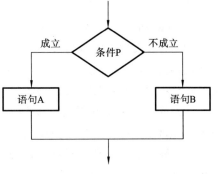

**图 2.2  选择结构流程图**

（1）if（表达式）　｛语句；｝

（2）if（表达式）　｛语句 1；｝　else　｛语句 2；｝

（3）if（表达式 1）　｛语句 1；｝

　　　else　if（表达式 2）　｛语句 2；｝

　　　else　if（表达式 3）　｛语句 3；｝

　　　……

　　　else　if（表达式 n−1）　｛语句 n−1；｝

　　　else　｛语句 n；｝

程序示例如下：

```
#include<reg51.h>
sbit P37=P3^7;
main( )
{
loop1:
    if(P37==1) { P0=0x00; P2=0xff;}
    else      { P0=0xff; P2=0x00;}
    goto loop1;
}
```

**2. switch 语句**

if 语句通过嵌套可以实现多分支结构，但结构复杂。switch 是 C51 中提供的专门处理多分支结构的多分支选择语句。它的格式如下：

```
switch（表达式）
{
case  常量表达式 1:{语句 1;}break;
case  常量表达式 2:{语句 2;}break;
……
case  常量表达式 n:{语句 n;}break;
default:{语句 n+1;}
}
```

关于 switch case 语句，需要注意如下几点。

（1）switch 后面括号内的表达式，可以是整型或字符型表达式。

（2）当该表达式的值与某一"case"后面的常量表达式的值相等时，就执行该"case"后面的语句，然后遇到 break 语句时退出 switch 语句。若表达式的值与所有 case 后的常量表达式的值都不相同，则执行 default 后面的语句，然后退出 switch 结构。

（3）每个 case 语句后面可以有 break，也可以没有。若有 break 语句，则执行到 break 时退出 switch 结构；若没有，则顺次执行后面的语句，直到遇到 break 或结束。

（4）每一个 case 语句后面可以带一个语句，也可以带多个语句，还可以不带语句。语句可以用花括号括起，也可以不括。

（5）多个 case 可以共用一组执行语句。

2.4.2.2　循环控制语句

在程序处理过程中,有时需要某一段程序重复执行多次,这时就需要借助循环结构来实现,循环结构就是能够使程序段重复执行的结构。

1. for 语句

在 C51 语言中,for 语句是循环控制语句中最为灵活,也是最为复杂的一种,其功能也最强大。

除了被重复的循环指令体外,for 语句的表达式模块由三部分组成:第一部分是初始化表达式;第二部分是对结束循环进行的测试,此测试可以是任何一种测试,一旦测试为假,循环就会结束;第三部分是尺度增量。它的格式为:

```
for(表达式 1;表达式 2;表达式 3)
    {语句;}/*循环体*/
```

如:

```
int   i,sum ;
sum=0 ;
for(i=0; i<=10;i++)
{sum+=i;}
```

程序运行结果:变量 sum 的值为 55。

2. while 语句

while 语句又称为当型循环语句。如图 2.3 所示,当条件 P 成立(为"真")时,重复执行语句 A,当条件不成立(为"假")时停止重复,跳出循环,继续执行后面的程序。该语句的特点是先判断条件,后执行循环体。在循环体中对条件进行改变,然后再判断条件,如条件成立,则再执行循环体,如条件不成立,则退出循环。如条件第一次就不成立,则循环体一次也不执行。

while 语句在 C51 中用于实现当型循环结构,它的格式如下:

```
while(表达式)
    {语句;}/*循环体*/
```

3. do while 语句

do while 语句,又称为直到型循环语句,在 C51 中用于实现直到型循环结构,特点是先执行循环体中的语句,后判断表达式。如图 2.4 所示,先执行语句 A,后判断条件,如条件成立,则再执行循环体,然后再判断,直到条件不成立时,退出循环,执行 do while 结构的下一条语句。do while 语句在执行时,循环体内的语句至少会被执行一次。它的格式如下:

```
do
{语句;}    /*循环体*/
while(表达式);
```

2.4.2.3　break 语句和 return 语句

1. break 语句

break语句可以跳出switch循环结构,使程序继续执行switch结构后面的语句。使用

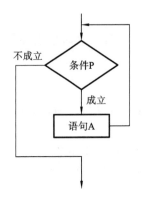

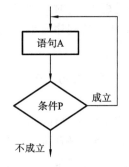

图 2.3　当型循环结构流程图　　　　图 2.4　直到型循环结构流程图

break 语句还可以从 for 循环体中跳出循环,提前结束循环而接着执行循环结构后面的语句。它不能用在除了循环语句和 switch 语句之外的任何其他语句中。

　　**例 2.5**　试写一段程序用于计算圆的面积,当计算到面积大于 100 时,由 break 语句跳出循环。

```
for (r=1;r<=10;r++)
{
    area=pi * r * r;
    if (area>100) break;
    printf("% f\n",area);
}
```

　　2. return 语句

return 语句一般放在函数的最后位置,用于终止函数的执行,并控制程序返回调用该函数时所处的位置。返回时还可以通过 return 语句带回返回值。return 语句的格式有两种:

　　(1) return;

　　(2) return (表达式);

如果 return 语句后面带有表达式,则要计算表达式的值,并将表达式的值作为函数的返回值。若不带表达式,则函数返回时将返回一个不确定的值。通常用 return 语句把调用函数取得的值返回给主调用函数。

# 2.5　C51 语言的数组和指针

## 2.5.1　数组

数组是一组有序数据的集合,数组中的每一个数据元素都属于同一个数据类型。数组中的各个元素可以用数组名和下标来唯一确定。一维数组只有一个下标,多维数组有两个以上的下标。在 C 语言中,必须先定义数组,然后才能使用它。一维数组的定义形式如下:

　　数据类型　　数组名[常量表达式];

其中,数据类型说明了数组中各个元素的类型;数组名是整个数组的标识符,它的命名方法与
变量的命名方法一样;常量表达式说明了该数组的长度,即该数组中元素的个数。常量表达式
必须用方括号括起来,而且其中不能含有变量。下面是几个定义一维数组的例子:

```
char xx[15];        //定义字符型数组 xx,它有 15 个元素
int yy[20];         // 定义整型数组 yy,它有 20 个元素
float zz[15];       // 定义浮点型数组 zz,它有 15 个元素
```

定义多维数组时,只要在数组名后面增加维数常量表达式即可。二维数组的定义形式为:

数据类型　数组名[常量表达式][常量表达式];

需要指出的是,C 语言中数组的下标是从 0 开始的。在引用数值型数组时,只能逐个引用
数组中的各个元素,而不能一次引用整个数组;但如果是字符型数组则可以一次引用整个
数组。

## 2.5.2　指针

指针类型数据在 C 语言程序中的使用十分普遍。正确地使用指针类型数据,可以有效地
表示复杂的数据结构,可以直接访问内存地址,而且可以更为有效地使用数组。

指针变量定义的一般格式为:

数据类型　[存储器类型]　*标识符;

其中,标识符是所定义的指针变量名。

指针变量是含有一个数据对象地址的特殊变量,指针变量中只能存放地址。相关的运算
符有两个,分别是地址运算符"&"和间接访问运算符"*"。例如:&a 为变量 a 地址,*p 为指
针变量 p 所指向的变量。

**例 2.6**　输入两个整数 x 和 y,将它们按从大到小的顺序输出。

```
#include <stdio.h>
extern serial_initial();
main()
{
    int x,y;
    int * p, * p1, * p2;
    serial_initial();
    printf("Input x and y :\n");
    scanf( "%d %d",&x,&y);
    p1=&x;
    p2=&y;
    if(x<y) {p1=p2;p2=p;}
    printf("max=%d,min=%d\n", * p1, * p2);
    while(1);
}
```

程序执行结果:

```
Input x and y:
4 8
max=8,min=4
```

# 2.6  C51 语言的函数

模块化的程序设计一般需要借助函数来实现,一个函数对应一个功能模块,使用函数可以避免重复编写实现相同功能的程序,同时还可以提高程序的可读性。

## 2.6.1  函数定义

在高级语言中,函数和"子程序"、"过程"的意义相同,在 C51 语言中,使用"函数"这个术语。在构成程序的若干个函数中,必有一个是主函数 main(),程序的执行从主函数 main() 开始,调用其他函数后再返回主函数,最后在主函数中结束整个程序的运行。函数根据定义的形式可以划分为 3 种:无参数函数、有参数函数和空函数。

定义函数的一般形式为:

类型标识符 函数名(形式参数表) [reentrant][interrupt m][using n]
形式参数说明
{说明部分
函数体
}

reentrant:这个修饰符用于把函数定义为可重入函数。所谓可重入函数就是允许被递归调用的函数。函数的递归调用是指当一个函数正被调用尚未返回时,又直接或间接调用函数本身。一般的函数不能做到这样,只有重入函数才允许递归调用。

interrupt m:C51 函数中非常重要的一个修饰符,当定义函数时用了 interrupt m 修饰符时,则系统编译时会把对应函数转化为中断函数,自动加上程序头段和尾段,并按 MCS-51 系统中断的处理方式自动把它安排在程序存储器中的相应位置。m 的取值为 0~31,对应的中断情况如表 2.3 所示。

表 2.3  C51 中断号和中断向量地址

| 中 断 描 述 | 中 断 号 | 中断向量地址 |
|---|---|---|
| 外部中断 0 | 0 | 0003H |
| 定时器 0 中断 | 1 | 000BH |
| 外部中断 1 | 2 | 0013H |
| 定时器 1 中断 | 3 | 001BH |
| 串行口中断 | 4 | 0023H |

using n:用于指定本函数内部使用的工作寄存器组,其中,n 的取值为 0~3,表示寄存器组号。

## 2.6.2 函数的参数

C51 语言采用函数之间的参数传递方式,使一个函数能对不同的变量进行功能相同的处理,从而大大提高了函数的通用性与灵活性。函数之间的参数传递通过主调用函数的实际参数与被调用函数的形式参数之间进行数据传递来实现。在定义函数时,函数名后面括号中的变量名称为"形式参数",简称形参。在调用函数时,主调用函数名后面括号中的表达式称为"实际参数",简称实参。

对于被调用函数作为另一个函数的实际参数传给该函数的参数值,其类型要与函数原定义中的一致。如:

m=max(a, gcd(u,v)) ;

其中,gcd(u,v)是一次函数调用,它的值作为另一个函数 max()的实际参数之一,m 的值为 a 和 u 与 v 的最大公约数之中的较大值。

在 C51 语言的函数调用中,实际参数与形式参数之间的数据传递是单向进行的,数据只能由实际参数传递给形式参数,而不能由形式参数传递给实际参数。

## 2.6.3 函数的返回值

被调用函数的最后结果由被调用函数的 return 语句返回给主调用函数。接受函数返回值的变量类型要与函数返回值类型一致。程序示例如下:

```
void main()
{
int x=3, y=6, z;
z=add(x,y);
printf("z=%d\n",z);
}
int add(int a, int b)
{
int c;
c=a+b;
return   c;
}
```

## 2.6.4 函数的调用和声明

1. 函数的声明

(1)定义函数时要同时声明其类型。

(2)调用函数前要先声明该函数。

2. 函数的调用方式

调用函数的一般形式为:

函数名(实际参数列表);

对于有参数函数,若其包含多个实际参数,则应将各参数之间用逗号分隔开。主调用函数的数目与被调用函数的形式参数的数目应该相等。实际参数与形式参数按实际顺序一一对应传递数据。如果调用的是无参数函数,则实际参数列表可以省略,但函数名后面必须有一对空括号。

函数调用语句把被调用函数名作为主调用函数中的一条语句,如:

print_message();

此时并不要求被调用函数返回结果数值,只要求函数完成某种操作。

此外,函数结果可作为表达式的一个运算对象,如:

result=2*add(x,y);

此时被调用函数以一个运算对象的身份出现在一个表达式中。这就要求被调用函数带有return 语句,以便返回一个明确的数值参加表达式的运算。

3. 调用函数的条件

(1) 如果程序中使用了库函数,或使用了不在同一文件中的另外的自定义函数,则应该在程序的开头处使用♯include 包含语句,将所用的函数信息包括到程序中来。

(2) 如果被调用函数出现在主调用函数之后,一般应在主调用函数中,在调用函数前,对被调用函数的返回值类型作出说明。一般的形式为:

返回值类型说明符  被调用函数的函数名();

(3) 如果被调用函数的定义出现在主调用函数之前,则可以不对被调用函数加以说明。因为 C51 编译器在编译主调用函数之前,已经预先知道了已定义的被调用函数的类型,并可自动加以处理。

## 2.6.5  C51 语言的库函数

C51 语言提供了丰富的可直接调用的库函数,在使用库函数时,必须在源程序的开始处使用预处理命令♯include 将相应的头文件包含进来。C51 语言常用的库函数如表 2.4 所示。

表 2.4  C51 语言常用库函数

| 类型 | 函　　数 | 功　能　说　明 | 使　用　说　明 |
|---|---|---|---|
| 内部函数 | _crol_ | 将 char 型变量循环左移指定位数后返回 | 函数声明包含在头文件 intrins.h 中 |
| | _irol_ | 将 int 型变量循环左移指定位数后返回 | |
| | _lrol_ | 将 long 型变量循环左移指定位数后返回 | |
| | _cror_ | 将 char 型变量循环右移指定位数后返回 | |
| | _iror_ | 将 int 型变量循环右移指定位数后返回 | |
| | _lror_ | 将 long 型变量循环右移指定位数后返回 | |
| | nop | 空操作 | |

续表

| 类型 | 函　数 | 功　能　说　明 | 使　用　说　明 |
|---|---|---|---|
| 绝对地址<br>访问函数 | CBYTE | 以字节形式对单片机的 code 区访问 | 函数声明包含<br>在头文件 absacc.<br>h 中 |
| | CWORD | 以字形式对单片机的 code 区访问 | |
| | DBYTE | 以字节形式对单片机的 data 区访问 | |
| | DWORD | 以字形式对单片机的 data 区访问 | |
| | PBYTE | 以字节形式对单片机的 pdata 区访问 | |
| | PWORD | 以字形式对单片机的 pdata 区访问 | |
| | XBYTE | 以字节形式对单片机的 xdata 区访问 | |
| | XWORD | 以字形式对单片机的 xdata 区访问 | |
| I/O 函数 | _getkey | 从串行口读入一个字符 | 函数声明包含<br>在头文件 stdio.<br>h 中 |
| | _getchar | 从串行口读入一个字符并输出 | |
| | gets | 从串行口读入一个字符串 | |
| | ungetchar | 将读入的字符送到输入缓冲区 | |
| | putchar | 通过单片机的串行口输出字符 | |
| | printf | 输出数据 | |
| | sprintf | 输入数据到内存缓冲区 | |
| | puts | 将字符串写入串行口 | |
| | scanf | 从串行口读入数据 | |
| | sscanf | 将格式化的数据送入数据缓冲区 | |
| | vprintf | 将格式化的数据输出到内存缓冲区 | |
| | vsprintf | 将格式化的数据输出到指针所指向的内存数据缓冲区 | |

# 习题二

1. C51 语言扩展的数据类型有哪些，如何定义？

2. 简述常量和变量的异同。

3. 应用指针和地址运算符编写程序，将 51 单片机片内存储器 40H 单元和 42H 单元的单字节无符号数相乘，将结果存放在外部数据存储器 1000H 开始的单元中。

4. 片内存储单元 50H～53H 中有 4 个无符号的十六进制数，试应用绝对地址编写程序，将其中的大数存放在 54H、55H 单元中，小数存放在 56H、57H 单元中。

5. C51 语言中如何定义中断函数？

# 第3章 单片机的并行输入/输出接口

【本章导读】 本章主要介绍8051单片机的四个并行输入/输出接口。通过学习本章,学生应了解四个接口的内部结构,掌握四个接口的主要功能和使用方法,掌握输入/输出接口的使用方法及注意事项。

## 3.1 单片机并行输入/输出接口介绍

8051单片机有四个并行的输入/输出接口,每个接口都是8位的,简称I/O口,分别为P0口、P1口、P2口和P3口。P0口为三态双向口,最多可负载8个TTL电路,P1~P3最多可负载4个TTL电路。四个I/O口的内部结构各不相同,因此在功能和用途上有一定的差别。

单片机的四个I/O口是CPU与外部设备之间交换信息的桥梁,单片机对外部设备进行数据操作时,必须经过I/O口。8051单片机的4个I/O口既有字节地址,又有位地址,所以它们可以按字节输入/输出数据,也可以按位输入/输出数据。

下面分别介绍四个I/O口的内部结构及功能。

### 3.1.1 P0口

P0口是一个8位并行双向接口,其内部结构如图3.1所示,其由一个锁存器、两个三态输入缓冲器、一个转换开关MUX,以及控制电路和驱动电路等组成。

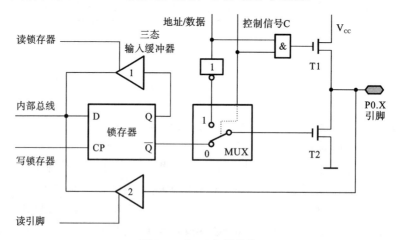

图3.1 P0口内部结构

P0口可以作为通用的输入/输出接口使用,单片机系统扩展时,P0口也可以作为低8位地址/数据复用总线使用。单片机内部通过控制信号C来决定其工作状态,如图3.1所示。

当控制信号 C 为低电平 0 时,转换开关 MUX 处于图 3.1 中虚线所示位置,即 P0 口作为通用输入/输出接口使用;

当控制信号 C 为高电平 1 时,转换开关 MUX 拨向反相器输出端位置,即 P0 口作为地址/数据复用总线使用。

下面详细介绍 P0 口作为通用输入/输出接口和地址/数据复用总线的工作原理。

1. P0 口作为通用输入/输出接口使用

P0 口作为通用输入/输出接口使用时,单片机硬件自动使控制信号 C 为低电平 0,由图 3.1可知,转换开关 MUX 连接至锁存器反相输出 $\overline{Q}$ 端。由于控制信号 C=0,所以与场效应管 T1 连接的与门输出为 0,即场效应管 T1 处于截止状态。

1) P0 口作为通用输入接口使用

当 P0 口作为输入接口使用时,数据可以有两种输入方式,一种是从锁存器输入,即"读锁存器",另外一种是从引脚输入,即"读引脚"。

(1) 读锁存器。

当单片机的 CPU 发出"读锁存器"信号时,该信号使三态输入缓冲器 1 打开,锁存器 Q 端的数据经三态输入缓冲器 1 进入内部数据总线。如 CPU 执行"读—修改—写"这类输入指令时,执行语句"P0＝P0 & 0xff;"单片机 CPU 发出"读锁存器"信号,信号使锁存器 Q 端的数据进入内部数据总线,即先读 P0 口的数据,再与数据 0xff 进行逻辑与运算之后,将结果送回 P0口,同时运算结果出现在引脚上。

(2) 读引脚。

当单片机的 CPU 发出"读引脚"信号时,该信号使三态输入缓冲器 2 打开,单片机引脚上的数据经三态输入缓冲器 2 进入内部数据总线。如 CPU 执行"i＝P0;"指令时,单片机 CPU 发出"读引脚"信号,信号使 P0 口上的数据直接通过三态输入缓冲器 2 进入单片机内部数据总线。

下面考虑一个问题,当单片机的 CPU 发出"读引脚"信号时,假设场效应管 T2 处于导通状态会出现什么现象呢? 场效应管 T2 导通,场效应管 T1 截止,单片机引脚上的输入信号始终被钳制在低电平,使输入的高电平无法输入。因此,在输入数据前,应人为地先向 P0 口锁存器写入 1,目的是使场效应管 T2 截止,从而使引脚处于悬浮状态,使其可以作为高阻抗输入。所以,P0 口在作为通用 I/O 接口时,属于准双向接口。

2) P0 口作为通用输出接口使用

当 P0 口作为输出接口使用时,CPU 执行输出指令,CPU 发出的写脉冲信号加在锁存器的 CP 端,内部数据总线上的数据写入锁存器,数据经锁存器 $\overline{Q}$ 端反相,再经场效应管 T2 反相,在引脚 P0.X 上出现的数据正好是内部总线的数据。但必须注意的是,当输出数据为高电平 1 时,由于此时场效应管 T1 处于截止状态,因此要使高电平 1 能正常输出,必须在单片机 P0 口引脚外接上拉电阻。

2. P0 口作为地址/数据复用总线使用

除了作为通用输入/输出接口使用外,当单片机系统需要扩展片外存储器或扩展其他 I/O 接口芯片时,P0 口也可作为低 8 位地址/数据复用总线使用,单片机硬件自动使控制信号 C 为高电平 1,转换开关 MUX 连接反向器的输出端。作为地址/数据复用总线时,P0 口先传送片外芯片的低 8 位地址,后传送 CPU 对片外芯片的读写数据。

CPU 在执行输出指令时,低 8 位地址信息和数据信息分时出现在地址/数据复用总线上。若地址/数据复用总线的状态为 1,"与门"输出为 1,则场效应管 T1 导通、T2 截止,单片机引脚输出为 1;若地址/数据复用总线的状态为 0,"与门"输出为 0,则场效应管 T1 截止、T2 导通,单片机引脚输出为 0。可见单片机引脚输出的信息正好与地址/数据复用总线的信息相同。

CPU 在执行输入指令时,首先低 8 位地址信息出现在地址/数据复用总线上,单片机引脚输出的信息与地址/数据复用总线的信息相同。然后 CPU 自动使转换开关 MUX 拨向锁存器,并向 P0 口写入 FFH,同时"读引脚"信号有效,数据经三态输入缓冲器 2 进入内部数据总线。

由此可见,P0 口作为地址/数据复用总线使用时,其是一个真正的双向接口。

### 3.1.2 P1 口

P1 口是一个 8 位并行双向接口,其内部结构如图 3.2 所示。由于 P1 口仅作为通用I/O口使用,所以其内部结构最为简单,它由一个锁存器、两个三态输入缓冲器和驱动电路等组成。

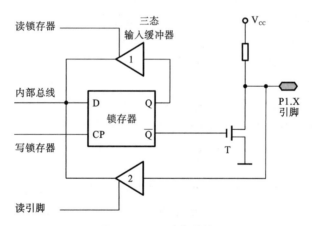

**图 3.2 P1 口内部结构**

当 P1 口作为输出接口使用时,内部上拉电阻可与场效应管共同组成输出驱动电路,能向外提供推挽电流负载,此时无需再外接上拉电阻。

当 P1 口作为输入接口使用时,与 P0 口一样,也要先向锁存器写入 1,目的是使场效应管截止。所以,P1 在作为通用 I/O 口时,也属于准双向接口。

### 3.1.3 P2 口

P2 口是一个 8 位并行双功能接口,其内部结构如图 3.3 所示,它由一个锁存器、两个三态输入缓冲器、一个转换开关 MUX、一个反相器和驱动电路等组成。

P2 口既可以作为通用 I/O 口使用,也可以作为地址(高 8 位地址)总线使用。单片机内部通过控制信号 C 来决定其工作状态。当控制信号 C 为低电平 0 时,转换开关 MUX 处于图中虚线所示位置,即 P2 口作为通用 I/O 口使用;当控制信号 C 为高电平 1 时,转换开关 MUX 拨向反相器输出端位置,即 P2 口作为地址总线使用。

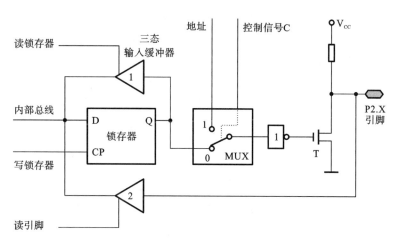

图 3.3　P2 口内部结构

1）P2 口作为通用 I/O 口使用

当 P2 口作为输出接口使用时，与 P1 口一样，其内部有上拉电阻，所以无需再外接上拉电阻。

当 P2 口作为输入接口使用时，与 P0、P1 口一样，也要先向其锁存器写入 1，目的是使场效应管截止。所以，P2 口在作为通用 I/O 口使用时，也属于准双向接口。

2）P2 口作为地址总线使用

除了作为通用 I/O 口使用外，当单片机系统需要扩展片外存储器或其他 I/O 口芯片时，P2 口也作为地址（高 8 位地址）总线使用，单片机硬件自动使控制信号 C＝1，转换开关 MUX 连接地址端，与 P0 口作为地址总线使用时相同，引脚输出的信息与地址总线的信息相同。

### 3.1.4　P3 口

由于单片机的引脚数目有限，因此在 P3 口中增加了引脚的第二功能，如图 3.4 所示，P3 口由一个锁存器、三个三态输入缓冲器、一个与非门和驱动电路等组成。由于 P3 口有第二功能，所以其在结构上与其他三个 I/O 口都不尽相同。

1）P3 口作为通用 I/O 口使用

当 P3 口作为通用输入接口使用时，与其他口一样，也要先向其锁存器写入 1。此时信号 W 自动为高电平 1，从锁存器 Q 端输出的高电平信号经与非门输出，使场效应管截止，P3 口引脚的数据取决于外部信号，这时单片机内部产生"读引脚"信号使三态输入缓冲器 2 打开，引脚上的数据经过三态输入缓冲器 3（常开）、三态输入缓冲器 2 进入内部总线。

当 P3 口作为通用输出接口使用时，与 P1、P2 口一样，其内部有上拉电阻，所以无需再外接上拉电阻。此时，信号 W 自动为高电平 1，为锁存器 Q 端数据输出打开"与非门"，输出数据经场效应管从引脚输出。

2）P3 口作为第二功能使用

当 P3 口作为第二功能使用时，8 个引脚有不同的定义，各个引脚的第二功能定义如表 3.1 所示。

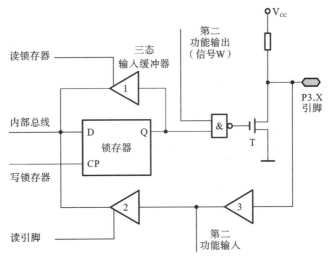

图 3.4　P3 口内部结构

表 3.1　P3 口第二功能表

| 引　　脚 | 第　二　功　能 |
| --- | --- |
| P3.0 | RXD:串行接口输入端 |
| P3.1 | TXD:串行接口输出端 |
| P3.2 | $\overline{INT0}$:外部中断 0 请求输入端,低电平有效 |
| P3.3 | $\overline{INT1}$:外部中断 1 请求输入端,低电平有效 |
| P3.4 | T0:定时器/计数器 0 计数脉冲输入端 |
| P3.5 | T1:定时器/计数器 1 计数脉冲输入端 |
| P3.6 | $\overline{WR}$:外部数据存储器写选通信号输出端,低电平有效 |
| P3.7 | $\overline{RD}$:外部数据存储器读选通信号输出端,低电平有效 |

当 P3 口的某一位用作第二功能输出时,该位的锁存器输出端被单片机硬件自动置 1,使与非门对第二功能信号的输出是打开的,从而实现第二功能信号的输出。由表 3.1 可知,作第二功能输出的有 TXD、$\overline{WR}$ 和 $\overline{RD}$。

当 P3 口的某一位用作第二功能输入时,该位的锁存器输出端被单片机硬件自动置 1,并且信号 W 在端口不作第二功能输出时保持为 1,则与非门输出为低电平,场效应管截止,该位引脚为高阻输入。此时端口不作通用 I/O 口使用,因此"读引脚"信号无效,三态输入缓冲器 2 不导通,这样从引脚输入的第二功能信号将经三态输入缓冲器 3 直接送给 CPU 处理。由表 3.1 可知,作第二功能输入的有 RXD、$\overline{INT0}$、$\overline{INT1}$、T0 和 T1。

# 3.2　项目一:单片机控制发光二极管

## 3.2.1　单片机控制 1 只发光二极管

1. 设计功能描述

单片机控制 1 只发光二极管,使其点亮。

2. 项目分析

发光二极管是单片机应用系统中常用的一种简单输出设备,在 Proteus 仿真电路中,发光二极管的电路符号如图 3.5 中的 LED 所示。

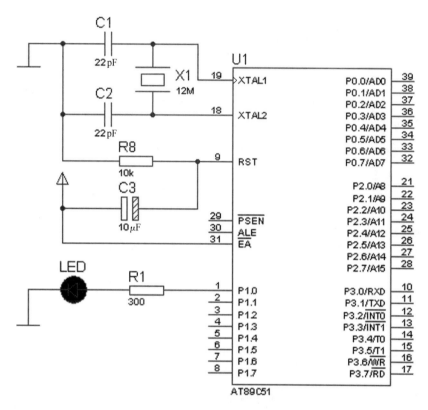

图 3.5 单片机的 P1.0 引脚连接发光二极管

发光二极管具有单向导通性,当加在发光二极管两端的电压超过它的导通电压时,它就会导通;当流过它的电流超过一定的电流时,它就会发光。

要实现单片机控制发光二极管,必须将发光二极管与单片机的 I/O 口连接。典型的连接电路可以分为"灌电流"和"拉电流"两种形式。图 3.5 所示的为发光二极管与单片机连接的 Proteus 仿真电路,单片机的 P1.0 引脚与发光二极管的阳极相连,发光二极管的阴极接地,这种方式为"拉电流"形式。

当单片机的 P1.0 引脚输出高电平 1 时,相当于发光二极管阳极接 +5 V 电源,而阴极接地,此时发光二极管两端有压差,发光二极管导通并发光;当单片机的 P1.0 引脚输出低电平 0 时,相当于发光二极管的阳极和阴极均接地,此时发光二极管两端无压差,发光二极管不导通、不发光。图 3.5 中的电阻 R1 的作用在此处先不作说明,后续会详细介绍。

3. 硬件电路图

表 3.2 所示的是图 3.5 所示电路使用的 Proteus 电路元器件的列表。

表 3.2  Proteus 电路元器件列表(1)

| 器 件 名 称 | 库 | 子 库 | 说 明 |
|---|---|---|---|
| AT89C51 | Microprocessor ICs | 8051 Family | 单片机 |
| CAP | Capacitors | Generic | 电容 |
| CAP-ELEC | Capacitors | Generic | 极性电容 |
| CRYSTAL | Miscellaneous | — | 晶振 |
| RES | Resistors | Generic | 电阻 |
| LED | Optoelectronics | LEDs | 发光二极管 |

4. 程序代码

```
/ *********************************************************

    名称：单片机控制发光二极管
    说明：单片机 P1.0 引脚控制 LED 发光二极管点亮
********************************************************* /
    #include<reg51.h>            //51 库函数
    sbit LED=P1^0;               // 单片机 P1.0 引脚位定义
    void main()                  //主函数
    {
        while(1)
        {
        LED=1;                   // P1.0 引脚输出高电平 1,点亮 LED
        }
    }
```

将上述程序在 Keil 编译软件中进行编译,将编译、链接生成的. HEX 可执行文件加载到仿真图中进行仿真,可以观察到发光二极管点亮,如图 3.6 所示。

显然,若想使发光二极管熄灭,则只需将上述程序中的语句"LED=1;"改为"LED=0;"即可。

5. 相关知识点

实际使用发光二极管时,为避免流过发光二极管的电流过大而使其烧坏,需要在电路中串联限流电阻,图 3.5 中的电阻 R1 即为限流电阻。限流电阻的阻值需要依据二极管导通电压和最大工作电流选择。

单片机应用系统中常用的不同颜色的发光二极管的正向导通电压是不一样的,红色和黄色的是 2 V 左右,蓝色、绿色和白色的是 3 V 左右,发光二极管的工作电流一般较小,为5～10 mA。具体使用时要查阅发光二极管生产厂家的数据手册。

双击图 3.5 中的 LED 可以打开发光二极管的属性对话框,如图 3.7 所示。其中涉及的主要参数说明如下。

Forward Voltage:二极管导通电压。

Full drive current:二极管最大工作电流。

由图 3.7 可知,Proteus 仿真电路中使用的发光二极管的导通电压为 2 V,最大工作电流

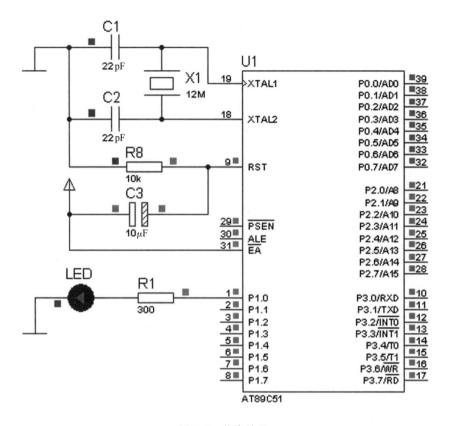

图 3.6　仿真结果

图 3.7　发光二极管属性对话框

为 10 mA,由此可以计算出电路中使用的限流电阻的最小阻值为 300 Ω。实际使用时,要依据发光二极管的型号、应用场合等具体信息选择限流电阻阻值。

上述程序中,♯include＜reg51.h＞为头文件包含,又可称为文件包含。所谓"文件包含"是指在一个文件内将另外一个文件的内容全部包含进来。因为被包含的文件中的一些定义或命令在编程时使用的频率很高,因此,为了提高编程效率,减少编程人员的重复操作,将这些定义或命令单独组成一个文件,如 reg51.h,然后用♯include＜reg51.h＞包含进来。鼠标右击＜reg51.h＞,在出现的菜单中点击 open document ＜reg51.h＞,可打开头文件,如图 3.8 所示。

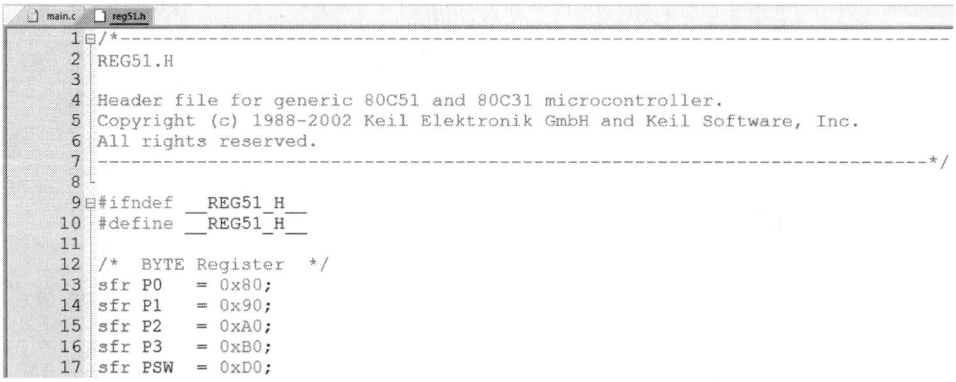

```
  main.c    reg51.h
 1 /*------------------------------------------------
 2 REG51.H
 3
 4 Header file for generic 80C51 and 80C31 microcontroller.
 5 Copyright (c) 1988-2002 Keil Elektronik GmbH and Keil Software, Inc.
 6 All rights reserved.
 7 ------------------------------------------------*/
 8
 9 #ifndef __REG51_H__
10 #define __REG51_H__
11
12 /* BYTE Register */
13 sfr P0   = 0x80;
14 sfr P1   = 0x90;
15 sfr P2   = 0xA0;
16 sfr P3   = 0xB0;
17 sfr PSW  = 0xD0;
```

**图 3.8** reg51.h 头文件

reg51.h 头文件除了对单片机的四个 I/O 口进行了定义外,还对单片机的特殊功能寄存器进行了定义。

观察头文件 reg51.h 发现,它并未对单片机的四个 I/O 口的各个位进行定义,因此在上述程序中进行了定义,语句"sbit LED＝P1^0;"为单片机 P1.0 引脚位定义。

绘制图 3.5 使用了 Proteus ISIS 仿真软件,下面介绍其使用方法。

双击桌面上的 ISIS 7 Professional 图标或者通过选择"开始→程序→Proteus 7 Professional/ISIS 7 Professional",启动 Proteus 软件,出现如图 3.9 所示的画面,即进入 Proteus ISIS 启动界面。

启动 Proteus ISIS 后进入 ISIS 编辑界面,如图 3.10 所示。ISIS 的编辑界面是 Windows 风格的,主要包括标题栏、菜单栏、工具栏、对象选择窗口、原理图编辑窗口、模式选择工具栏、仿真控制按钮和状态栏等。下面介绍 Proteus ISIS 编辑界面的几个主要组成部分。

1. 模式选择工具栏

模式选择工具栏上有主模式选择按钮、常用部件按钮和 2D 绘图按钮。如图 3.11 所示。

(1) 主模式选择按钮。主模式选择按钮分别为编辑任意选中的元器件、选择元器件、在原理图中放置连接点、在原理图中放置或编辑连线标签、在原理图中放置新文本或编辑已有文本、绘制总线、放置子电路或子电路元器件。

(2) 常用部件按钮。常用部件按钮分别为可供选择的各种终端(如输入、输出和地等终端)、显示常用器件引脚、供选择的各种仿真分析所需图表(如模拟图表、数字图表等)、对原理图分割仿真、供选择的模拟和数字激励源、电压探针、电流探针、供选择的虚拟仪表(如示波器等)。

图 3.9 Proteus ISIS 启动界面

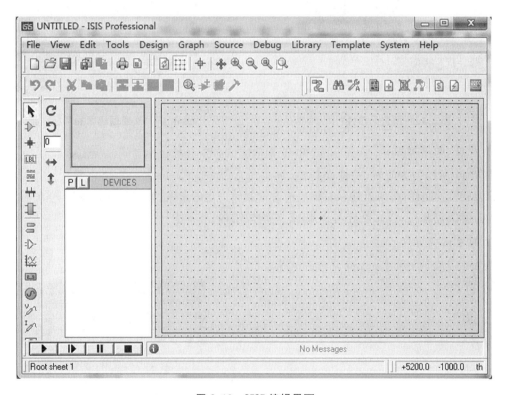

图 3.10 ISIS 编辑界面

（3）2D 绘图按钮。2D 绘图按钮分别为画直线、画方框、画圆、画圆弧、画多边形、插入文字说明、从元器件库中选择符号元器件、标记图标。

2. 预览窗口

预览窗口可以用来显示在元器件列表中选择的元器件的预览图，如图 3.12 所示；预览窗

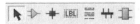

（a）主模式选择按钮　　　　　（b）常用部件按钮

（c）2D绘图按钮

图 3.11　模式选择工具栏

口也可以用来改变原理图的可视范围,如图 3.13 所示。当用鼠标左键点击空白编辑区或在编辑区中放置元器件时,会显示整张原理图的缩略图,并会显示一个绿色的方框,绿色方框里面的内容就是当前原理图编辑窗口中显示的内容。因此,可在预览窗口中点击鼠标左键来改变绿色方框的位置,从而改变原理图的可视范围。

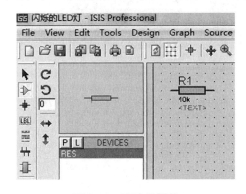

图 3.12　预览元器件

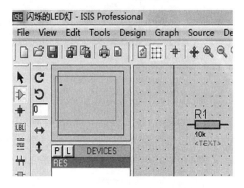

图 3.13　改变原理图的可视范围

3. 旋转、镜像控制栏

图 3.14 所示的为旋转、镜像控制栏。

（1）旋转控制栏:将元器件顺时针或逆时针旋转一定的角度,旋转角度只能是 90°的整数倍。

（2）镜像控制栏:将元器件对 X 轴或 Y 轴做镜像。

4. 对象选择窗口

图 3.15 所示的为对象选择窗口。

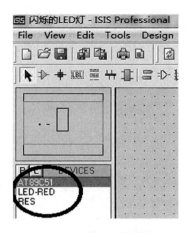

（a）旋转控制栏　　　　（b）镜像控制栏

图 3.14　旋转、镜像控制栏

图 3.15　对象选择窗口

这里列出了在原理图绘制过程中使用过的元器件名称,可以直接点击相应的名称进行元器件的选取。

5. 仿真控制按钮

图 3.16 所示的为仿真控制按钮,四个按钮分别为开始仿真、单步仿真(按事先设定的时间步长进行单步仿真)、暂停仿真(暂停或继续仿真)和停止仿真。

**图 3.16　仿真控制按钮**

6. 原理图编辑窗口

原理图编辑窗口用于设计和绘制各种电路,即编辑原理图。

下面以图 3.5 所示电路为例说明仿真电路原理图的设计步骤。原理图的设计步骤主要包括查找、放置(删除)、移动、旋转元器件,以及修改元器件的属性和连接整个原理图中的元器件等。具体设计步骤如下。

1) 元器件的查找与放置

点击如图 3.17 所示的对象选择窗口中的对象选择按钮 P,会弹出"Pick Devices"界面,在"Keywords"中输入需要查找的芯片关键词 AT89C51,系统会自动在元器件所在的库中搜索,搜索完成后会将搜索结果显示在右侧的"Results"中,如图 3.17 所示。

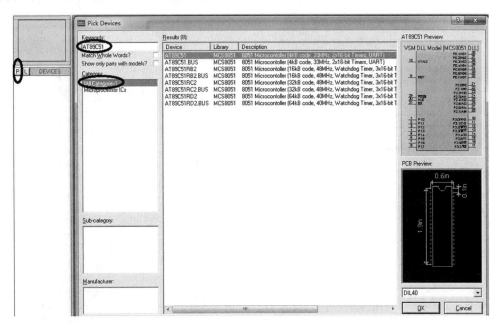

**图 3.17　元器件的查找**

通过在"Results"栏中的列表中双击"AT89C51"或点击右下角的"OK"按钮即可将单片机 AT89C51 添加至对象选择窗口,同时在鼠标上也会跟随同样的元器件,此时在原理图编辑窗口适当的位置处点击鼠标左键或点击对象选择中的"AT89C51"都可把单片机 AT89C51 放置在原理图编辑窗口中,如图 3.18 所示。

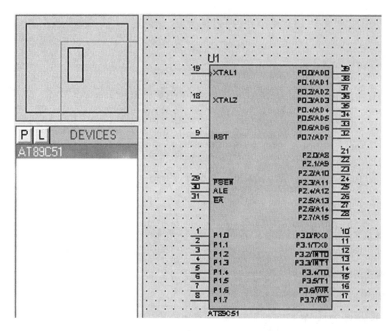

图 3.18　元器件的放置

　　同理，可以在"Keywords"栏中输入 LED、RES 等元器件关键字找到并放置其他需要的元器件，经过以上操作后，对象选择窗口中便已存有需要的元器件，同时在原理图编辑窗口中也会放置好相应的元器件，如图 3.19 所示。

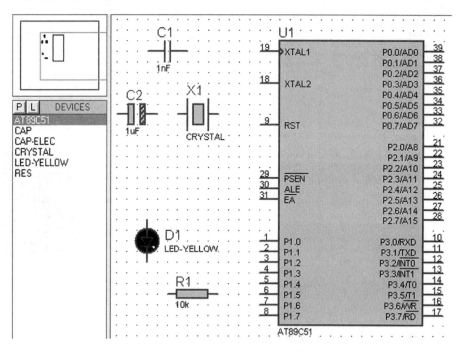

图 3.19　元器件放置完成

　　2）元器件的移动与旋转

　　在绘制原理图的过程中需要对元器件对象的位置进行移动。将鼠标移到需要移动的元器件对象上,点击鼠标左键,此时元器件的颜色变为红色,表明该元器件处于被选中状态,按下鼠标左键并拖动鼠标将元器件移动到新的位置,松开鼠标,即可完成元器件的移动。

当元器件处于被选中状态时,若要对其进行旋转,有如下三种方法。

(1)方法一:点击鼠标右键,弹出如图 3.20(a)所示的选项,可分别对元器件进行顺时针 90°、逆时针 90°和 180°旋转;

(2)方法二:利用旋转控制栏对元器件进行旋转,如图 3.20(b)所示;

(3)方法三:点击快捷工具栏上的旋转按钮,如图 3.20(c)所示,弹出"Block Rotate/Reflect"对话框,在对话框内填写需要旋转的角度即可(注意:填写的旋转角度必须是 90°的整数倍)。

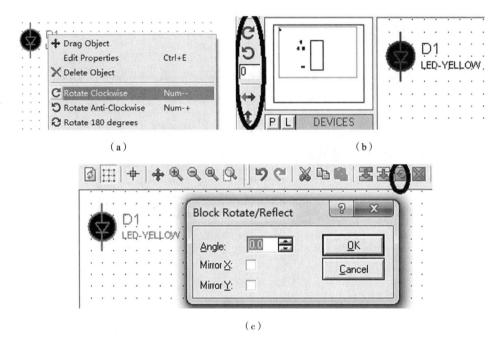

图 3.20　元器件的旋转

3)元器件的属性修改

用鼠标左键双击元器件(如电阻),弹出"Edit Component"编辑窗口,如图 3.21 所示,在此窗口即可修改元器件属性。

4)元器件之间的连接

当所有元器件的属性都修改完成后,需要对元器件进行连接。将鼠标指针靠近元器件的引脚,此时鼠标指针变成铅笔形状,同时鼠标的指针会出现一个"□"号,表示此元器件引脚具有电气连接性质,点击鼠标左键,移动鼠标,将鼠标的指针靠近预连接的目标元器件引脚,鼠标的指针就会出现一个"□"号,此时点击鼠标左键,即将两个元器件连接,如图 3.22 所示。

用 Proteus 软件进行调试、仿真前需要加载程序代码。鼠标双击单片机 AT89C51 图标,打开如图 3.23 所示的单片机编辑对话框,将编译完成的目标文件(.HEX)加载到单片机。

点击 Program File 栏右侧的"文件浏览"按钮,添加需要下载的文件,点击"OK"退出。

点击开始仿真按钮 ▶ 进行仿真,可以清楚地观察到发光二极管不断闪烁。

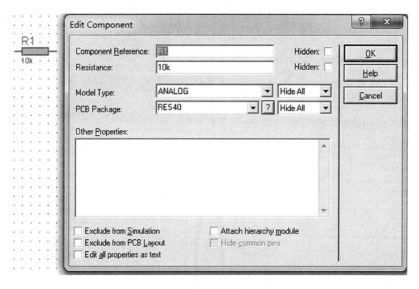

图 3.21  元器件属性修改

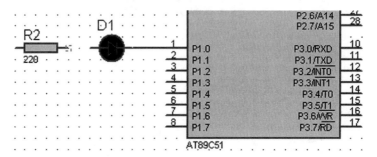

图 3.22  元器件的连接

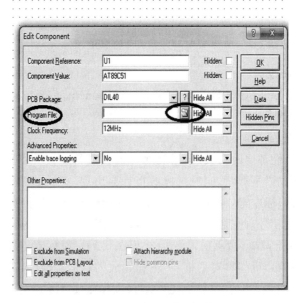

图 3.23  单片机编辑对话框

### 3.2.2 单片机控制 8 只发光二极管

**1. 设计功能描述**

单片机控制 8 只发光二极管,使每只发光二极管点亮一段时间,从上到下轮流点亮,反复执行。

**2. 项目分析**

由前述可知,发光二极管阴极接地时,点亮发光二极管只需使与发光二极管阳极连接的单片机引脚输出高电平 1,熄灭发光二极管只需使单片机引脚输出低电平 0。若要使 8 只发光二极管轮流点亮,考虑如下过程。

(1) 点亮 LED0,同时 LED1~LED7 均熄灭。此时,P1 口的各个位 P1.7~P1.0 应输出高低电平状态为 00000001B(以二进制表示,以下各步骤中同样表示)。

(2) 延时一段时间,使当前 LED 状态保持一段时间。延时时间未到,则停留在该步骤(即不改变当前 LED 的状态),延时时间到,则转至下一步骤。

(3) 点亮 LED1,同时 LED0、LED2~LED7 均熄灭。此时,P1 口的各个位 P1.7~P1.0 应输出高低电平状态为 00000010B。

(4) 延时一段时间,使当前 LED 状态保持一段时间。延时时间未到,则停留在该步骤,延时时间到,则转至下一步骤。

(5) 点亮 LED2,同时 LED0、LED1、LED3~LED7 均熄灭。此时,P1 口的各个位 P1.7~P1.0 应输出高低电平状态为 00000100B。

(6) 延时一段时间,使当前 LED 状态保持一段时间。延时时间未到,则停留在该步骤,延时时间到,则转至下一步骤。

……

(7) 点亮 LED7,同时 LED0~LED6 均熄灭。此时,P1 口的各个位 P1.7~P1.0 应输出高低电平状态为 10000000B。

(8) 延时一段时间,使当前 LED 状态保持一段时间。延时时间未到,则停留在该步骤,延时时间到,则回到步骤(1)。

通过以上分析,给出如图 3.24 所示的流程图。

**3. 硬件电路图**

硬件电路图如图 3.25 所示,电路中使用的 Proteus 电路元器件如表 3.2 所示。

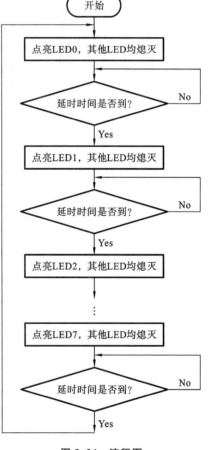

**图 3.24 流程图**

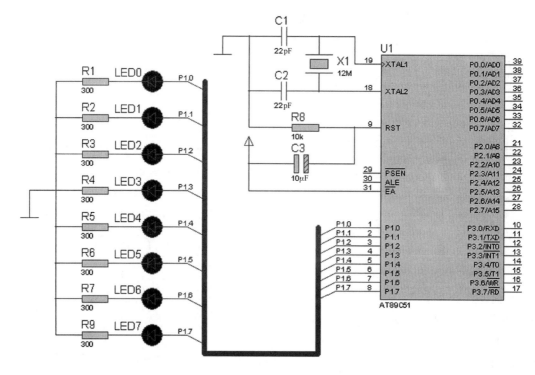

图 3.25　单片机 P1 口连接 8 只共阴极发光二极管

4. 程序代码

```
/*****************************************************************

        名称：8 只共阴极发光二极管轮流点亮
        说明：单片机 P1 口控制发光二极管轮流点亮
***************************************************************** /
#include <reg51.h>
void main()
{
   unsigned char i;
   while(1)                    //循环执行
   {
   P1=0x01;                    //点亮 LED0,其他 LED 均熄灭
   for(i=0;i<100;i++);         //延时
   P1=0x02;                    //点亮 LED1,其他 LED 均熄灭
   for(i=0;i<100;i++);         //延时
   P1=0x04;                    //点亮 LED2,其他 LED 均熄灭
   for(i=0;i<100;i++);         //延时
   P1=0x08;                    //点亮 LED3,其他 LED 均熄灭
   for(i=0;i<100;i++);         //延时
   P1=0x10;                    //点亮 LED4,其他 LED 均熄灭
   for(i=0;i<100;i++);         //延时
   P1=0x20;                    //点亮 LED5,其他 LED 均熄灭
```

```
  for(i=0;i<100;i++);                //延时
  P1=0x40;                           //点亮 LED6,其他 LED 均熄灭
  for(i=0;i<100;i++);                //延时
  P1=0x80;                           //点亮 LED7,其他 LED 均熄灭
  for(i=0;i<100;i++);                //延时
  }
}
```

将上述程序经编译、链接生成的.HEX 可执行文件加载到仿真图中进行仿真,可以观察到 8 只发光二极管依次轮流点亮,任意一个时刻只有 1 只发光二极管点亮。

5. 相关知识点

将上述程序中的语句"for(i=0;i<100;i++);"全部删除,重新进行编译、链接,将生成的可执行文件加载到仿真图中并开始仿真,观察发光二极管的状态可以发现,任意时刻所有的发光二极管均处于点亮状态。因为语句"for(i=0;i<100;i++);"删除后,单片机 P1 口连接的发光二极管的状态变化得非常快,如从 0x01 到 0x02,中间没有延时等待,所以看不出来轮流点亮的效果。

观察上述程序,若使 8 只共阴极发光二极管轮流点亮,P1 口各个位输出高低电平的状态从 00000001B、00000010B、00000100B 等,过渡到 10000000B,不难发现,上述数据中的高电平 1 每隔一段时间(即上述程序的延时时间)即向左移动一位。因此考虑如下程序:

```
#include <reg51.h>
#include <intrins.h>                //库函数
void main()
{
  unsigned char i;
  P1=0x01;                          //初始点亮 LED0,其他 LED 均熄灭
  while(1)
  {
   for(i=0;i<100;i++);              //延时
   P1=_crol_(P1,1);                 //P1 口状态左移 1 次
  }
}
```

将修改的程序经编译、链接生成的.HEX 可执行文件加载到仿真图中进行仿真,可以观察到 8 只发光二极管的轮流点亮效果和原程序的一样。通过上述程序可以看出,修改后的程序比较简单。

同样,为了简化程序,也可以建立数组,数组中的元素分别为使 8 只发光二极管轮流点亮时,单片机 P1 口各个位输出高低电平状态组成的十六进制数据。

修改程序如下:

```
#include <reg51.h>
unsigned char   LED[]={0x01,0x02,0x04,0x08,0x10,0x20,0x40,0x80};
                                //定义 P1 口输出数据
void main()
```

```
{
  unsigned char i,j;
    while(1)
  {
  for(j=0;j<8;j++)            //依次取数组中元素
  {
  P1=LED[i];                  //取数组中元素,通过 P1 口输出,即送给发光二极管
  for(i=0;i<100;i++);         //延时
  }
  }
}
```

将修改后的程序经编译、链接生成的.HEX 可执行文件加载到仿真图中进行仿真,可以观察到 8 只发光二极管的轮流点亮效果和原程序的一样。

如图 3.26 所示,发光二极管的阳极连接＋5 V 电源,阴极与单片机 I/O 口连接,这种连接方式就是前面提到的"灌电流"方式。当单片机 I/O 口与发光二极管这样连接后,单片机是怎样控制 8 只共阳极发光二极管轮流点亮的呢?

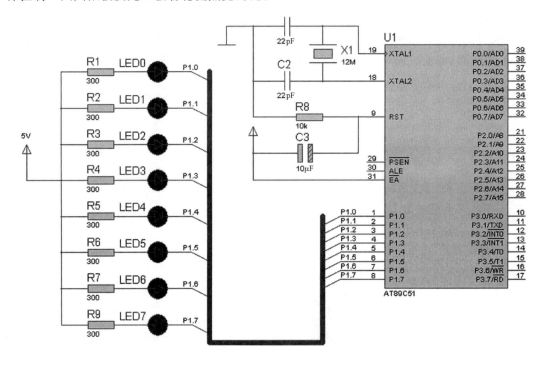

**图 3.26　单片机 P1 口连接 8 只共阳极发光二极管**

由图 3.26 可知,8 只发光二极管的阳极连接＋5 V 电源,阴极连接单片机 I/O 口,若要点亮 LED,则需要单片机引脚输出低电平 0;若要熄灭 LED,则需要单片机引脚输出高电平 1。程序如下:

```
# include <reg51.h>
# include <absacc.h>
# include <intrins.h>          //库函数
```

```
void main()
{
    unsigned char i;
    P1=0xfe;                          //初始点亮 LED0,其他 LED 均熄灭
    while(1)
    {
     for(i=0;i<100;i++);              //延时
     P1=_crol_(P1,1);                 //P1 口状态左移 1 次
    }
}
```

将上述程序经编译、链接生成的.HEX 可执行文件加载到仿真图中进行仿真,可以观察到 8 只发光二极管依次轮流点亮,任意一个时刻只有一只发光二极管点亮。

如果将上述程序中的语句"for(i=0;i<100;i++);"改写成"for(i=0;i<200;i++);",将会有什么变化?

开始仿真后发现,改变变量 i 的终止值,发光二极管流动的速度变慢,即每一位发光二极管点亮或熄灭的时间变长。显然,语句"for(i=0;i<200;i++);"的延时时间比原来语句的延时时间长,即当前发光二极管状态保留时间长。因此修改变量 i 的终止值,可以达到改变延时的目的。

那么,初始程序中的延时时间到底是多长呢?下面通过 Keil 编程软件来观察。

首先,在 Keil 编程软件中编辑源程序,并编译当前源文件,同时链接生成可执行文件。再次,用鼠标左键点击 Keil 编程软件菜单栏图标"Start/Stop Debug Session",进入程序调试界面,如图 3.27 所示。

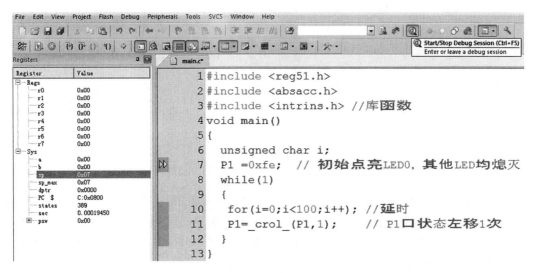

图 3.27　程序调试界面

调试开始时,程序指针指向语句"P1=0xfe;"程序中的延时时间就是"for(i=0;i<100;i++);"语句执行的时间。

用鼠标左键点击"Step(F11)"图标步进执行程序,点击后指针指向语句"for(i=0;i<100;i++);"如图 3.28 所示。

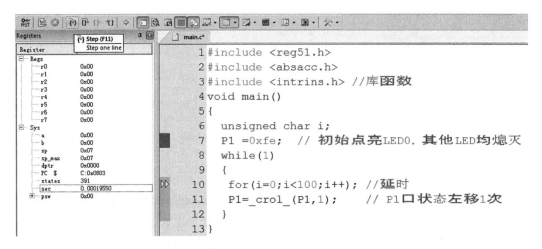

图 3.28　步进调试程序(1)

图 3.28 中,左侧显示的时间 sec＝0.00019550 即为单片机执行语句"P1＝0xfe;"所用的时间。为观察延时时间,用鼠标左键再次点击"Step(F11)"图标,步进执行程序后,程序指针指向程序的下一条语句"P1＝_crol_(P1,1);"同时,左侧显示的时间变为 sec＝0.00034650,如图 3.29 所示。

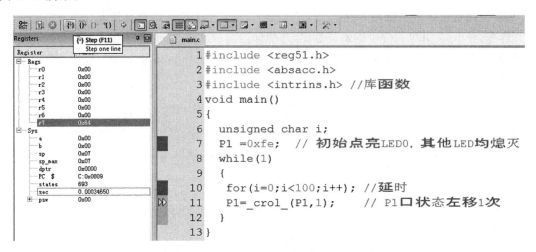

图 3.29　步进调试程序(2)

因此,语句"for(i=0;i＜100;i＋＋);"执行的时间为图 3.28 和图 3.29 中的两个时间的差值,该时间即为延时时间。注意,程序运行时,每条语句执行的时间与单片机应用系统采用的晶振大小有关,上述仿真过程采用的晶振为软件默认的 24 MHz 晶振。大家可自行修改晶振的数值,仿真观察延时时间。

如果将图 3.26 中与发光二极管连接的电阻的阻值增大或减小,则又将有什么变化?

经 Proteus 仿真软件仿真后发现,改变电阻的阻值,发光二极管的亮度会发生变化。电阻阻值增大,发光二极管变暗;电阻阻值减小,发光二极管变亮。因为电阻和发光二极管为串联关系,若电阻阻值增大,则电阻上的分压增大,在电源电压不变的情况下,发光二极管获得的电压减小,亮度变暗;反之,若电阻阻值减小,则电阻上的分压减小,在电源电压不变的情况下,发光二极管获得的电压增大,则发光二极管亮度变亮。那么是不是电阻可以无限地增大呢?答案肯定是不可以的。使用发光二极管时要考虑其允许的最大电流,因此串联的电阻也称为限流电阻,即限制流过发光二极管的电流的大小,避免其烧坏。

# 3.3 项目二:单片机检测按键状态

1. 设计功能描述

按键按下,点亮发光二极管;按键断开,熄灭发光二极管。

2. 项目分析

与发光二极管类似,按键是单片机应用系统中常用的人机交互输入设备。单片机应用系统中常用的按键为机械式按键,又称为轻触开关或微动开关。

按键与单片机连接时,一端接地,另一端接单片机引脚,并通过上拉电阻连接+5 V电源。当按键没有按下时,单片机引脚通过上拉电阻连接至+5 V电源,因此引脚输入为高电平1;当按键按下时,单片机引脚通过按键与地相连,因此引脚输入为低电平0。因此,单片机可以通过检测与按键相连的引脚的电平来检测按键状态。

按键为机械式按键,按键由断开到按下或由按下到断开的实际电平变化如图3.30所示。

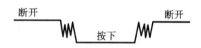

图 3.30 按键切换状态时的输出波形

由图3.30可以看出,按键在按下或断开的过程中会产生抖动,抖动时间长短与按键的机械特性有关。如果在抖动期间对单片机引脚上的电平信号进行检测,势必会检测出错误信息。因此,在使用按键时要消除抖动,消除抖动的方法有两种。

一种方法是用软件延时来消除按键抖动。当检测到按键按下时,按键连接的单片机引脚为低电平,则执行一条延时10 ms的语句后,可确认单片机引脚是否仍为低电平,如果仍为低电平,则确认按键按下。下面的程序即采用该方法进行消抖。

另外一种消除抖动的方式是,采用由两个与非门构成的硬件R-S触发器电路来消除抖动。

3. 硬件电路图

硬件电路图如图3.31所示,电路中使用的Proteus电路元器件如表3.3所示。

表 3.3 Proteus 电路元器件列表(2)

| 器 件 名 称 | 库 | 子 库 | 说 明 |
|---|---|---|---|
| AT89C51 | Microprocessor ICs | 8051 Family | 单片机 |
| CAP | Capacitors | Generic | 电容 |
| CAP-ELEC | Capacitors | Generic | 极性电容 |
| CRYSTAL | Miscellaneous | — | 晶振 |
| RES | Resistors | Generic | 电阻 |
| LED | Optoelectronics | LEDs | 发光二极管 |
| BUTTON | Switches 或 Relays | Switches | 按键 |

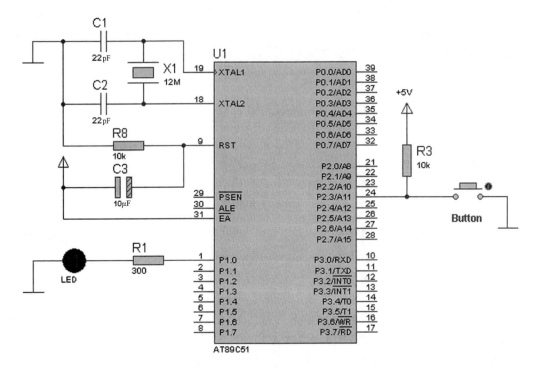

图 3.31  按键与单片机连接图

4. 程序代码

```
#include <reg51.h>

sbit Button=P2^3;                    //按键位定义
sbit LED=P1^0;                       //发光二极管位定义
void main()
{
    unsigned char i;
    while(1)
    {
    if(Button==0)                    //按键按下
        {
            for(i=0;i<100;i++);      //延时,消除抖动
            if(Button==0)            //确认按键按下
              LED=1;                 //点亮发光二极管
        }
      else                           //按键没有按下
          LED=0;                     //熄灭发光二极管
    }
}
```

将上述程序在 Keil 编程软件中进行编辑,将编译、链接生成的. HEX 可执行文件加载到仿真图中进行仿真,可以观察到按键按下,则发光二极管点亮,如图 3.32 所示。

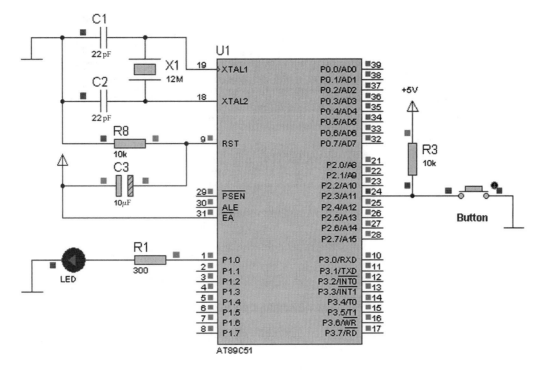

图 3.32  仿真结果图

5. 相关知识点

当单片机的 I/O 口连接外设按键时,其是作为输入口使用的。按键是否按下可以通过检测与按键连接的引脚的电平得知。

注意,上述程序中的语句"if(Button==0)"在执行时要经过以下两个过程:一是将按键的状态读入单片机的引脚,二是将读入的按键状态与 0 进行比较。

鼠标右击图 3.31 中的按键 Button,选择"Edit Component"选项,可以打开按键的属性对话框,如图 3.33 所示,其中涉及的主要参数说明如下。

Off Resistance:按键断开时,两个端点之间的电阻。

On Resistance:按键接通时,两个端点之间的电阻。

Switching Time:按键断开和接通之间的最短切换时间。

可以看出,按键断开时两端电阻较大,可以看作断路;按键按下时两端电阻较小,可以看作短路。

图 3.31 中,电阻 R3 为上拉电阻,其作用是当按键没有按下时,将不确定的输入信号通过一个电阻钳位在高电平。电阻同时起限流作用,避免流入单片机接口的电流过大。上拉电阻取值根据典型值和经验值选取,一般取 4.7～10 kΩ。

发光二极管阳极接单片机的 P0.0 引脚,阴极接地,如图 3.34 所示,同样可实现按键按下时,发光二极管点亮。将上述程序中的语句"sbit LED=P1^0;"改为"sbit LED=P0^0;"即可。

将修改后的程序在 Keil 编程软件中进行编辑,将编译、链接生成的.HEX 可执行文件加载到仿真图中进行仿真,观察程序运行结果,如图 3.35 所示。

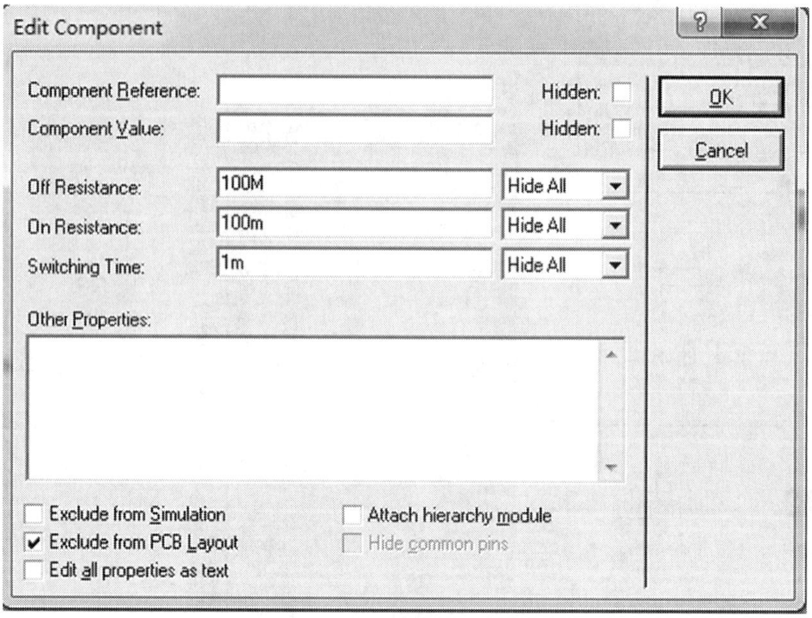

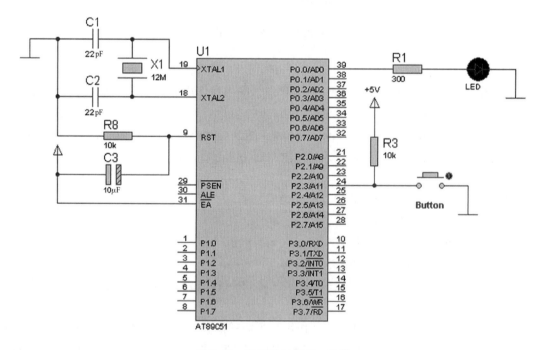

图 3.33　按键的属性对话框

图 3.34　按键控制发光二极管

　　通过仿真发现,按键按下后,发光二极管并没有点亮,为什么会出现这种现象呢?

　　单片机 P0 口与 P1 口的内部结构不同,P0 口内部没有上拉电阻,因此若需要 P0 口输出高电平,则必须在单片机 P0.0 引脚处外接上拉电阻,如图 3.36 所示。外接上拉电阻后进行仿真,按键按下后,发光二极管点亮。

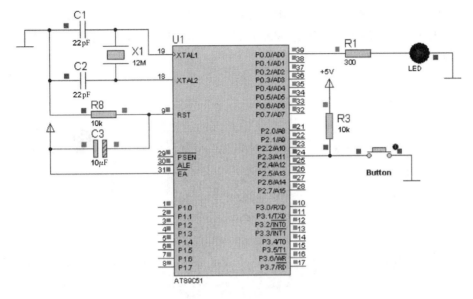

图 3.35　运行结果

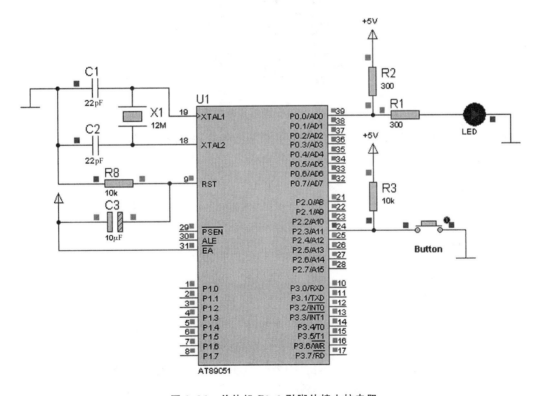

图 3.36　单片机 P0.0 引脚外接上拉电阻

　　P0.0 引脚外接的上拉电阻的阻值要依据外设情况来定。当外设为发光二极管时,根据发光二极管的工作电流和工作电压的要求,上拉电阻阻值选择几百欧即可,上拉电阻阻值过大时,电阻上的压降会过大,导致发光二极管亮度不够。

　　P0.0引脚处之所以要外接上拉电阻,是因为其内部没有上拉电阻,因此无法输出高电平,只能输出低电平。为了解决这一问题,将单片机的P0.0引脚与发光二极管的阴极相连,发光二极管阳极接+5 V电源,如图3.37所示。

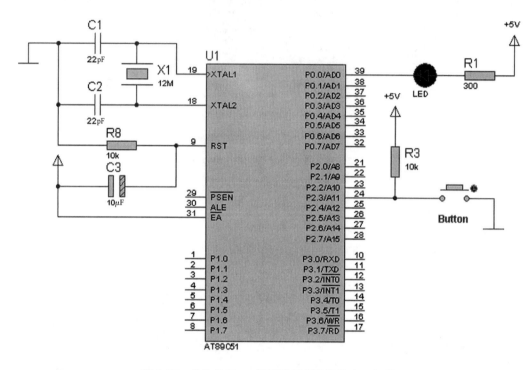

图 3.37　单片机 P0.0 引脚连接共阳极发光二极管

　　观察图3.37可知,按键按下时,若想点亮发光二极管,只需要使P0.0引脚输出低电平0即可。修改后的程序如下:

```
# include <reg51.h>
sbit Button=P2^3;                        //按键位定义
sbit LED=P0^0;                           //发光二极管位定义
void main()
{
    unsigned char i;
    while(1)
    {
        if(Button==0)                    //按键按下
        {
            for(i=0;i<100;i++);          //延时,消除抖动
            if(Button==0)                //确认按键按下
                LED=0;                   //点亮发光二极管
        }
        else                             //按键没有按下
            LED=1;                       //熄灭发光二极管
```

```
        }
    }
```

将修改后的程序在 Keil 编程软件中进行编辑,将编译、链接生成的. HEX 可执行文件加载到仿真图中进行仿真,程序运行后可以观察到:按键按下,发光二极管点亮;按键断开,发光二极管熄灭。

# 习题三

1. 51 单片机内部的四个 I/O 口的结构有什么异同? 作用分别是什么?

2. P3 口有哪些第二功能? 第二功能如何实现? 在哪些情况下需要使用第二功能?

3. P0 口作为输出口使用时为什么需要外接上拉电阻? 其他 3 个 I/O 口是否也需要外接上拉电阻?

4. 当单片机扩展存储器或 I/O 接口芯片时是否一定要用 P2 口传送地址?

5. 利用单片机的 P0 口控制 8 只共阴极发光二极管,相邻 4 只发光二极管为一组,使两组发光二极管交替点亮,间隔时间为 1 s。画出 Proteus 仿真电路图,编写程序。

# 第4章 单片机定时器/计数器、中断系统

【本章导读】 本章主要介绍 8051 单片机定时器/计数器的结构、工作原理、工作方式及使用方法,8051 单片机中断技术的基本概念、中断系统的结构及功能、CPU 响应中断的工作过程,以及中断的使用方法。

## 4.1 单片机定时器/计数器

8051 单片机有两个可编程的定时器/计数器,分别为 T0 和 T1,以满足定时或者延时的需求。它们具有两种工作模式(计数模式和定时模式)和四种工作方式(方式 0、方式 1、方式 2 和方式 3)。

### 4.1.1 定时器/计数器的结构

从图 4.1 可看出,8051 单片机定时器/计数器由两个 16 位的定时器/计数器构成。这两个定时器/计数器分别由高 8 位和低 8 位的两个寄存器组成,即 T0(TH0,TL0)和 T1(TH1,TL1)。两个 8 位的特殊功能寄存器 TMOD 和 TCON 用于定时器的管理与控制。TMOD 是定时器工作方式控制寄存器,用于定时器的工作方式和功能的设置;TCON 是定时器控制寄存器,用于控制定时器的启动与停止等。系统复位后,两个寄存器的所有位都被清零(0)。

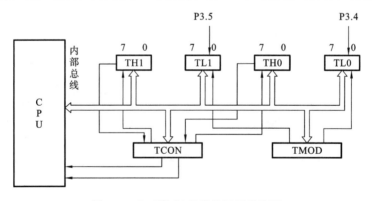

图 4.1　定时器/计数器的逻辑结构图

### 4.1.2 定时器/计数器的工作原理

定时器/计数器具有定时和计数两种工作模式,无论是定时模式还是计数模式,都是利用计数实现相关功能的。

当定时器/计数器设置为定时模式时,对单片机内部的机器周期计数(1 个机器周期等于

12 个振荡周期,即计数频率为晶振频率的 1/12),在每个机器周期内定时器定时值加 1,定时值 N 乘以机器周期 Tcy 就是定时时间 t。对机器周期(即 12/ fosc)计数,精度取决于输入脉冲的周期,因此当需要高分辨率的定时时,应尽量选用频率较高的晶振。

当定时器/计数器设置为计数模式时,对单片机外部事件计数,计数脉冲由 T0 或 T1 引脚输入。当检测到输入引脚上的电平由高电平跳变到低电平时,计数器就加 1。由于一个下降沿的识别需要 2 个机器周期,故计数器最高计数频率为振荡频率的 1/24。为了保证脉冲不丢失,脉冲的高低电平持续时间都必须大于 1 个机器周期。

### 4.1.3 定时器/计数器的工作方式

8051 单片机的定时器/计数器有四种工作方式,现以定时器/计数器 T0 为例介绍,定时器/计数器 T1 与定时器/计数器 T0 的工作原理基本相同(唯一区别为在工作方式 3 时,定时器/计数器 T1 停止计数)。

1. 工作方式 0

工作方式 0 的逻辑结构图如图 4.2 所示,$C/\overline{T}$ 是特殊功能寄存器 TMOD 中的一位,当 $C/\overline{T}=0$ 时,选择定时方式,计数器输入信号为晶振的 12 分频,即计数器对机器周期计数。当 $C/\overline{T}=1$ 时,选择计数器方式,计数器输入信号外部引脚。GATE 是门控位,$\overline{INT0}$ 是外部中断 0 的输入端。

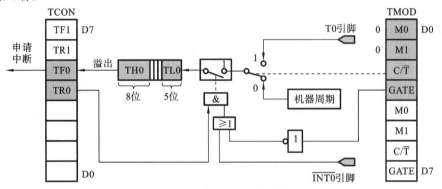

图 4.2 工作方式 0 的逻辑结构图

方式 0 的计数位数是 13 位,由 TL0 的低 5 位(高 3 位未用)和 TH0 的 8 位组成了 13 位加 1 计数器,最大计数值为 $2^{13}=8192$。

定时器/计数器工作在方式 0 下,当 TL0 的低 5 位溢出时,向 TH0 的最低位进位;当 13 位计数器计满产生溢出时,置位 TCON 中的 TF0 标志位为 1,并使 13 位计数器全部清零。此时,如果中断是开放的,则向 CPU 发出中断请求。若定时器/计数器继续按方式 0 工作,则应该按要求给 13 位计数器赋初值。

当 $C/\overline{T}=0$ 时,多路开关连接振荡器的 12 分频器输出,T0 对机器周期脉冲计数,这是定时器方式,定时时间 t=($2^{13}$－T0 的初值)×机器周期。

当 $C/\overline{T}=1$ 时,多路开关与 T0(P3.4)引脚相连,外部计数脉冲由 T0 引脚输入,这时 T0 成为外部计数器,计数次数=$2^{13}$－T0 的初值。

2. 工作方式 1

方式 1 的计数位数是 16 位,TL0(TL1)作为低 8 位、TH0(TH1)作为高 8 位,组成了 16

位加1计数器。其控制方式与操作方式与方式0的完全相同。图4.3所示的为工作方式1的逻辑结构图,最大计数值为$2^{16}=65536$。

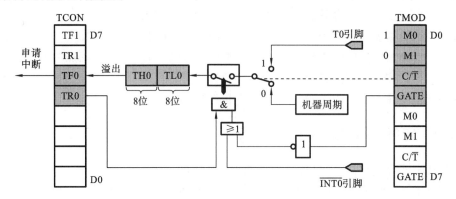

图4.3　工作方式1的逻辑结构图

注意:在读取运行中的定时器/计数器时,需要加以注意,否则读取的计数值有可能出错。因为不可能在同一时刻同时读取THx和TLx的内容。一种解决读错问题的方法是:先读THx,后读TLx,再读THx,若两次读得的THx相同,则可确定读得的内容是正确的。

当$C/\overline{T}=0$时,是定时器方式,定时时间 t=($2^{16}$－T0 的初值)×机器周期

当$C/\overline{T}=1$时,是计数器方式,计数次数=$2^{16}$－T0 的初值。

3.工作方式2

方式2为自动重装初值的8位计数方式。当计数器 TLx 计满产生溢出时,不仅使其溢出标志 TF 置1,而且还自动打开 TLx 与 THx 之间的三态门,使 THx 的内容重新装入 TLx 中,并继续进行计数操作。

在方式2下,当计数器计满 FFH 溢出时,CPU 自动把 THx 的值装入 TLx 中,不需要用户干预(用户可省去重新装入计数初值的程序,简化定时时间的计算),因此方式2特别适合于用作较精确的脉冲信号发生器,适用于需要重复定时而定时范围又不大的应用场合。方式2也适于用作串口波特率发生器。图4.4所示的为工作方式2的逻辑结构图,最大计数值为$2^8=256$。

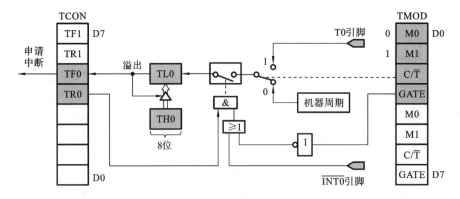

图4.4　工作方式2的逻辑结构图

方式2与方式0、方式1的区别如下。

方式0和方式1的最大特点是计数溢出后,计数器为全0,因而循环定时或循环计数应用

时就存在反复设置初值的问题,这给程序设计带来不便,同时也会影响计时精度。

方式 2 具有自动重装载功能,即自动加载计数初值,也有文献称之为自动重加载工作方式。在这种工作方式下,16 位计数器分为两部分,即以 TL0 为计数器,以 TH0 为预置寄存器,初始化时把计数初值分别加载至 TL0 和 TH0,当计数溢出时,不再像方式 0 和方式 1 那样需要"人工干预",由软件重新赋值,而是由预置寄存器 THx 以硬件方法自动给计数器 TL0 重新加载。

当 $C/\overline{T}=0$ 时,是定时器方式,定时时间 t=($2^8$-T1 的初值)×机器周期

当 $C/\overline{T}=1$ 时,是计数器方式,计数次数=$2^8$-T1 的初值。

4. 工作方式 3

工作方式 3 将 T0 分成为两个独立的 8 位计数器 TL0 和 TH0。其中,TL0 使用自身的一些控制位,即 $C/\overline{T}$、GATE、$\overline{INT0}$、TF0,其操作类同于方式 0 的。TL0 既可以作计数使用,又可以作定时使用,定时器/计数器 T0 的各控制位和引脚信号全归它使用,TH0 则只能作为简单的定时器使用(因为它只能对机器周期计数)。

方式 3 只适用于定时器/计数器 T0,定时器 T1 工作于方式 3 时相当于 TR1=0,停止计数。图 4.5 所示的为工作方式 3 的逻辑结构图。

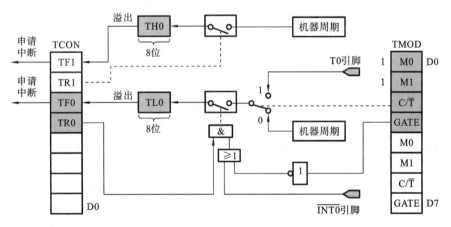

图 4.5 工作方式 3 的逻辑结构图

定时器/计数器 0 已工作在方式 3 下,则定时器/计数器 1 只能工作在方式 0、方式 1 或方式 2,因为它的运行控制位 TR1 及计数溢出标志位 TF1 已被定时器/计数器 0 借用,如图 4.5 所示。在这种情况下,由于 T1 的 TF1、TR1 被 T0 的 TH0 占用,因此计数器溢出时,只能将输出信号送至串行口,以确定串行通信的速率。

## 4.1.4 定时器/计数器的初值计算

在定时功能的初值计算:选择定时功能时,由内部提供计数脉冲,对机器周期进行计数。假设用 T 表示定时时间,用 X 表示对应的初值,所用计数器位数为 N,系统时钟频率为 fosc,则($2^N$-X)×12/fosc=T,X=$2^N$-foscXT/12。

当采用定时器工作方式时,设 fosc=12 MHz,一个机器周期为 12/fosc=1 $\mu$s,则:

方式 0,13 位定时器最大定时间隔=$2^{13}$×1 $\mu$s=8.912 ms;

方式 1,16 位定时器最大定时间隔＝$2^{16}\times1\ \mu s$＝65.536 ms；

方式 2,8 位定时器最大定时间隔＝$2^{8}\times1\ \mu s$＝256 $\mu s$；

方式 3,8 位定时器最大定时间隔＝$2^{8}\times1\ \mu s$＝256 $\mu s$。

计数功能的初值计算:选择计数功能时,计数脉冲由外部 T0 或 T1 端引入,对外部(事件)脉冲进行计数,计数器位数为 N,则计数初值为 $X=2^N-$计数值,即:

方式 0,计数范围 M＝1~8192($2^{13}$)；

方式 1,计数范围 M＝1~65536($2^{16}$)；

方式 2,计数范围 M＝1~256($2^8$)；

方式 3,计数范围 M＝1~256($2^8$)。

**例 4.1** 设单片机的晶振 f＝12 MHz,定时时间 t＝2 ms,求定时器 T0 的初值,以及 TH0、TL0 的值。

T0 的初值＝$2^{13}-$定时时间 t×时钟频率/12＝$2^{13}-2\times10^{-3}\times12\times10^6/12$＝8192－2000＝6192＝1830H＝1100000110000B,将 T0 的初值低 5 位送 TL0,高 8 位送 TH0,则 TH0＝11000001B＝0C1H,TL0＝10000B＝10H。

**例 4.2** 利用单片机的定时器 T1 计数 1000 次,求 T1 的初值,以及 TH0、TL0 的值。

T1 的初值＝$2^{16}-$计数值＝65536－1000＝64536＝FC18H,则 TH0＝0FCH,TL0＝18H。

# 4.2 中断的概念及中断处理过程

中断是计算机的一项重要技术,它不仅与硬件有关,还与软件有关。中断是指计算机执行正常程序时,系统外部或内部发生某一事件时,会请求计算机迅速去处理该事件。计算机响应中断后,CPU 暂时中止当前的工作,转去处理所发生的事件。完成中断服务程序后,再回到原来被中止的地方,继续原来的工作。

中断技术是 CPU 等待外部设备请求服务的一种 I/O 方式,对于外部设备何时发出中断请求,CPU 事先不知道,因此,中断具有随机性。计算机与外部设备间的数据传送、故障处理、实时控制等往往都采用中断系统。一个 CPU 资源要面向多个任务,会出现资源竞争,中断技术实质上是一种资源共享技术。中断系统的应用大大提高了计算机的系统效率,实现了 CPU 与外部设备的分时操作和自动处理故障。

引起中断的原因或设备称为中断源,实现这种功能的部件称为中断系统。当多个中断源同时向 CPU 申请中断时,CPU 将根据每个中断源的优先级,优先响应级别最高的中断请求。

下面介绍 8051 单片机的中断处理过程,中断处理过程可分为三个阶段,即中断响应阶段、中断处理阶段和中断返回阶段。

1. 中断响应阶段

中断响应是在满足 CPU 的中断响应条件之后,CPU 对中断源中断请求的应答。

1) 中断响应条件

CPU 在每个机器周期的 $S_5P_2$ 时刻采样中断标志,而在下一个机器周期的 $S_6$ 时刻对采样到的中断进行查询(按照优先级顺序查询各中断标志)。如果在前一个机器周期的 $S_5P_2$ 时刻有中断标志,则在查询周期内便会查询到中断标志,并按优先级高低进行中断处理,中断系统将控制程序转入相应的中断服务程序。下面列出的三个条件都能封锁 CPU 对中断的响应：

(1) CPU 正在执行同级或高级中断服务程序；

(2) 当前的机器周期不是执行指令的最后一个机器周期，保证在得到中断向量之前，运行指令必须完整执行；

(3) 正在执行 RETI 或任何访问 IE 或 IP 的指令，保证执行 RETI 或访问 IE、IP 寄存器后，至少还要执行一条指令才能响应新的中断请求。

2) 中断响应过程

如果中断请求没有被阻止，则将在下一个机器周期的状态周期 $S_1$ 响应激活最高级中断请求。CPU 响应中断时，先对相应的优先级状态触发器进行设置，然后执行一个子程序调用，使控制转移到相应的入口，中断请求源申请标志清 0(TI 和 RI 除外)，硬件把程序计数器的内容压入堆栈，把中断子程序(即中断服务程序)的入口地址(中断向量)送入程序计数器。中断子程序的入口地址如表 4.1 所示。各中断服务程序入口地址仅间隔 8 个字节，编译器在这些地址中放入无条件转移指令，跳转到中断服务程序的实际地址。

表 4.1 中断子程序的入口地址

| 编　号 | 中　断　源 | 入　口　地　址 |
|---|---|---|
| 0 | 外部中断 0 | 0003H |
| 1 | 定时器/计数器 0 | 000BH |
| 2 | 外部中断 1 | 0013H |
| 3 | 定时器/计数器 1 | 001BH |
| 4 | 串行口中断 | 0023H |

2. 中断处理阶段

CPU 响应中断结束后即转到中断服务程序的入口处，从中断服务程序的第一条指令开始执行一直到返回指令为止，这个过程称为中断处理或中断服务。中断处理包括两部分内容：一是现场保护；二是中断源服务。

CPU 在进入中断服务程序后，用到累计器、PSW 及其他寄存器时，就会破坏它原来存在寄存器中的内容，一旦中断返回，就会造成主程序混乱，因而在进入中断服务程序后，一般要先保护现场，后执行中断处理程序，在返回主程序以前恢复现场。

中断源服务是针对中断源的具体要求进行的处理。

3. 中断返回阶段

中断返回表示中断服务程序的结束，CPU 执行该指令时，一方面会把响应中断时所置位的优先级状态触发器清 0，使得单片机可以继续响应别的中断请求；另一方面会把从栈顶弹出的断点地址(两个字节)送到程序计数器，CPU 从原来中断处继续执行被中断的程序。

单片机响应中断后，自动执行中断服务程序。在中断服务程序中，只要遇到 RETI 指令(RETI 指令为子程序返回指令，具体参见附录 2)不论当前程序执行位置在哪里，单片机都会结束本次中断服务，返回源程序。因此，在中断服务程序的最后必须有一条 RETI 指令，用于中断返回。

注意：① 不能用 RET 指令代替 RETI 指令；② 中断服务程序中，PUSH 指令(入栈指令)

与 POP 指令(出栈指令)必须成对使用。

4. 中断请求的撤除

中断源发出中断请求后,相应的中断请求标志位置 1,而 CPU 响应中断后,必须及时清除标志位为 1 的中断请求,否则中断响应返回后,将再次进入该中断,引起死循环。中断请求标志的清除有如下 4 种情况:

(1) 定时器/计数器 T0、T1 中断,CPU 响应中断时,硬件会自动清除相应的中断请求标志 TF0、TF1;

(2) 对于采用边沿触发方式的外部中断,CPU 响应中断时,硬件也会自动清除相应的中断请求标志 IE0 或 IE1;

(3) 对采用电平触发方式的外部中断,CPU 响应中断时,硬件也会自动清除相应的中断请求标志 IE0 或 IE1,但若相应引脚(P3.2 或 P3.3)的低电平信号继续保持下去,则中断请求标志 IE0 或 IE1 就无法清零,也会发生上述重复响应中断的情况;

(4) 对于串行口中断(包括串发 TI、串收 RI),CPU 响应中断后并不能自动清除相应的中断请求标志 TI 或 RI,因此在响应串行口中断请求后,必须由用户在中断服务程序的相应位置通过指令将其清除(复位)。

5. 中断响应时间

中断响应时间是指从查询中断请求标志位开始到转向中断入口地址所需的机器周期数。

51 系列单片机的最短响应时间为 3 个机器周期,其中,中断标志请求标志位查询占用 1 个机器周期,而这个机器周期又恰好是执行指令的最后一个机器周期,在这个机器周期结束后,中断即被响应,产生 LCALL 指令(具体参见附录 2),而执行这条长调用指令需要 2 个机器周期,这样中断响应共经历了 3 个机器周期。

当前面所列出的三个条件不满足时,则中断响应需要更长的时间。若一个同级的或高优先级的中断已经在进行,则延长的等待时间取决于正在处理的中断服务程序的长度。如果正在执行的一条指令还没有进行到最后一个周期,则所延长的等待时间不会超过 3 个机器周期(8051 指令系统中最长的指令(乘法指令 MUL 指令和除法指令 DIV 指令,具体参见附录 2 也只有 4 个机器周期)。如果指令是 RETI 或对寄存器 IE、IP 操作,则需要把当前指令执行完再继续执行 1 条指令,才能进行中断响应。如果指令是 RETI 或对寄存器 IE、IP 操作,则最长需要 2 个机器周期,而如果继续执行的那条指令又恰好是 MUL 或 DIV,则需要 4 个机器周期,再加上执行长调用指令 LCALL 指令所需要的 2 个机器周期,从而形成了 8 个机器周期的最长响应时间。响应时间图如图 4.6 所示。

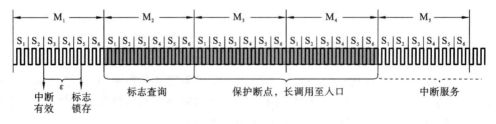

图 4.6 响应时间图

## 4.2.1  中断系统的结构

8051 单片机中断系统的结构如图 4.7 所示。中断系统由中断源、中断选择、中断标志、中断允许寄存器(中断源允许、全局中断允许)、中断优先级寄存器和查询电路等组成。

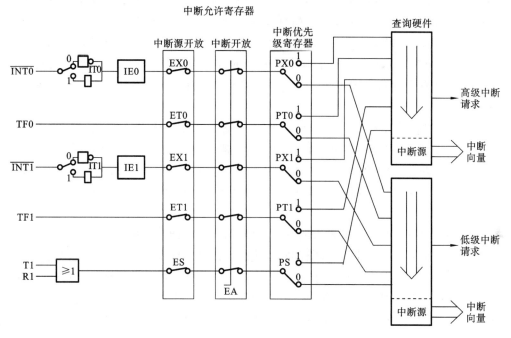

图 4.7  中断系统结构图

## 4.2.2  中断源

8051 单片机的中断系统有 5 个中断源:2 个外部中断源(即 $\overline{INT0}$ 和 $\overline{INT1}$)和 3 个内部中断源(即 2 个定时器/计数器中断源和 1 个串行口中断源)。其具有两个中断优先级,每个中断源的优先级高低可以受编程控制,中断允许受到 CPU 开中断和中断源开中断的两级控制。

中断源的中断请求是否能得到响应,受中断允许寄存器的控制。各个中断源的优先级可以由中断优先级寄存器中的各位来确定。同一优先级中的各中断源同时请求中断时,由内部的查询逻辑来确定响应的次序。

1. 8051 单片机的 5 个中断源

(1) $\overline{INT0}$ 外部中断 0 由 P3.2 引脚输入,低电平或下降沿有效。通过设置定时器控制寄存器 TCON 的相应控制位选择。

(2) $\overline{INT1}$ 外部中断 1 由 P3.3 引脚输入,低电平或下降沿有效。通过设置定时器控制寄存器 TCON 的相应控制位选择。

单片机的两个外部中断源有两种触发方式,即电平触发方式和脉冲触发方式。

当外部中断采用电平触发方式时,CPU 在每个机器周期的 $S_5P_2$ 时刻都检测 $\overline{INT0}$ 和 $\overline{INT1}$

引脚的输入电平,若检测到低电平,则认为是有中断信号,即低电平有效。INTx 低电平必须保持到响应时,否则就会漏掉;在中断服务结束前,INTx 低电平必须清除,否则中断返回之后将再次产生中断。

当外部中断采用脉冲触发方式时,CPU 在每个机器周期的 $S_5P_2$ 时刻都检测 $\overline{INT0}$ 和 $\overline{INT1}$ 引脚的输入电平,并需连续检测 2 次,若前一次检测为高电平,后一次检测为低电平,即检测到一个下降沿,则认为是有效的中断请求信号,此种触发方式称为边沿触发方式。为保证检测的可靠性,低电平或高电平的宽度至少要保持 1 个机器周期(即保持 12 个振荡周期,若晶振频率为 6 MHz,则宽度为 2 μs),以确保检测到引脚上的电平跳变,而使中断请求标志 IEx 置位。采样到有效下降沿后,在 IEx 中将锁存一个 1。若 CPU 暂时不能响应,则申请标志不会丢失,直到响应时才清 0。

(3) T0 定时器/计数器 0 中断:由定时器/计数器 0 溢出产生中断请求信号。

(4) T1 定时器/计数器 1 中断:由定时器/计数器 1 溢出产生中断请求信号。

这两个定时器/计数器以计数的方法来实现定时或计数功能。当发生计数溢出时,将置位 1 个溢出标志位,以表明定时时间到或计数值满,此时就可产生 1 个定时器/计数器溢出中断请求。

(5) TI/RI:串行口完成一帧数据的发送/接收后产生中断请求信号。

每个中断源都对应一个中断请求标志位,当中断源有中断请求时,中断系统会自动设置中断请求触发器(标志位)。当中断产生时,对应的中断标志位置 1;当中断响应时,可由硬件复位,或在中断服务程序中用软件复位,清除中断标志。串行口中断为发送和接收共用,当串行口中断时,通过查询定时器工作方式控制寄存器 TMOD 中的 TI 和 RI 可判别是发送还是接收中断,并可用软件复位中断标志。

8051 单片机的中断程序由中断初始化和中断服务两个部分组成,中断初始化是指用户对特殊功能寄存器中的各控制位进行赋值,中断服务是指单片机检测到中断后响应中断事件。

2. 中断初始化

中断初始化步骤如下:

(1) 开相应中断源的中断;

(2) 设定所用中断源的中断优先级;

(3) 若为外部中断,则应规定是采取电平触发方式还是脉冲触发方式。

3. 中断服务

中断服务步骤如下:

(1) 在中断向量入口放置一条跳转指令,让程序从中断向量入口跳转到实际代码的起始位置;

(2) 保存当前寄存器的内容;

(3) 清除中断标志位,处理中断事件;

(4) 恢复寄存器的内容,返回到原来主程序的执行处;

C51 编译器支持在 C 源程序中直接开发中断程序,因此减少了用汇编语言开发中断程序的过程。

# 4.3 项目一:一只 LED 灯闪烁(查询方式与中断方式)

1. 设计功能描述

实现与单片机 P1.0 引脚连接的 LED 灯以 2 ms 的周期闪烁。

2. 项目分析

设单片机的晶振为 12 MHz,在 P1.0 引脚上输出周期为 2 ms 的方波,定时间隔 1 ms,每次定时时间到则 P1.0 取反,即 LED 亮 1 ms,灭 1 ms,则机器周期=12/fosc=1 μs;需计数次数=1000/(12/12×10⁶)=1000。

由于计数器是加 1 计数,因此,为得到 1000 个计数之后的定时器溢出,必须给定时器置初值为 65536—1000。

3. 硬件电路图

硬件电路图如图 4.8 所示。

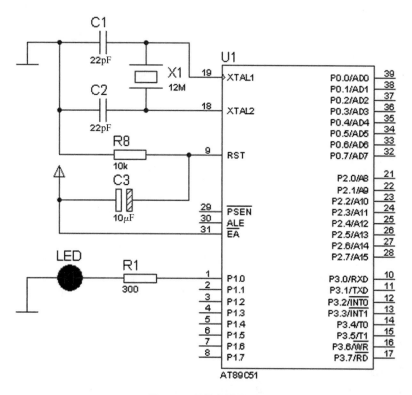

**图 4.8 硬件电路图(1)**

4. 程序代码

(1) 使用定时器 T0,工作方式 1,采用查询方式来实现,程序代码如下。

```
#include<reg51.h>
sbit P1_0=P1^0 ;
```

```
void main(void)
    {  TMOD=0x01;                                /* 设置定时器 T0,工作方式 1 */
       TR0=1;                                     /* 启动定时器/计数器 */
     while(1)
       {
         TH0=(65536-1000)/256;                   /* 装载定时初值 */
         TL0=(65536-1000)%256;
         do
           {

           } while (!TF0);                       /* 查询定时时间是否到 */
         P1_0=!P1_0;                              /* 定时时间到 P1.0 取反 */
         TF0=0;                                   /* 软件清 TF0 */
       }
    }
```

（2）使用定时器 T0,工作方式 1,采用中断方式来实现,程序代码如下。

```
#include<reg51.h>
sbit  P1_0=P1^0;
void  time (void) interrupt 1                    /* 定时器 T0 中断服务程序入口 */
    {  P1_0=!P1_0;                                /* P1.0 取反 */
       TH0=(65536-1000)/256;                     /* 重新装载计数初值 */
       TL0=(65536-1000)%256;

    }
void  main( void )                               /* 主函数 */
    {  TMOD=0x01;                                 /* 定时器 T0,工作方式 1 */
       P1_0=0;
       TH0=(65536-1000)/256;                     /* 装载定时初值 */
       TL0=(65536-1000)%256;
       EA=1;                                      /* CPU 中断开放 */
       ET0=1;                                     /* 定时器 T0 中断开放 */
       TR0=1;                                     /* 启动 T0 开始定时 */
       while(1);                                  /* 等待中断 */
    }
```

5. 相关知识点

1）实现定时的方法

软件定时不占用硬件资源,但占用了 CPU 时间,降低了 CPU 的利用率。

为时基电路,例如 555 电路,外接必要的元器件（电阻和电容）,即可构成硬件定时电路。但硬件连接好以后,定时值与定时范围不能由软件进行控制和修改,即不可编程,且定时时间容易漂移。

可利用单片机内部的定时器/计数器定时,即实现编程定时器定时,其结合了软件定时精确和硬件定时电路独立的特点。

2）定时和计数

定时，对内部机器周期计数（1 个机器周期等于 12 个振荡周期，即计数频率为晶振频率的 1/12），计数值 N 乘以机器周期 Tcy 就是定时时间 t。

计数，对外部事件计数，脉冲由 T0 或 T1 引脚输入到计数器，每来一个外部脉冲，计数器加 1。

3）定时器/计数器有关的寄存器

特殊功能寄存器 TMOD 控制定时器/计数器的工作方式，特殊功能寄存器 TCON 控制定时器/计数器的启动、停止及标志定时器的溢出和中断情况。通过对 TMOD 和 TCON 进行初始化编程可以分别置入方式字和控制字，以确定定时器/计数器的工作方式，控制其按规定的工作方式计数。

TMOD 用于控制定时器/计数器的工作模式及工作方式，其字节地址为 80H，其格式如图 4.9 所示。其中，低 4 位用于决定 T0 的工作方式，高 4 位用于决定 T1 的工作方式。注意：TMOD 不能进行位寻址。

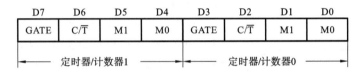

图 4.9　TMOD 格式

GATE 为门控位。GATE＝0 时，只要用软件使 TCON 中的 TR0 或 TR1 为 1，就可以启动定时器/计数器工作；GATE＝1 时，要用软件使 TR0 或 TR1 为 1，同时使外部中断引脚也为高电平时，才能启动定时器/计数器工作（即需要两个启动条件）。

$C/\overline{T}$ 为定时/计数模式选择位。$C/\overline{T}＝0$ 为定时模式；$C/\overline{T}＝1$ 为计数模式。

M1M0 为工作方式设置位，具体如表 4.2 所示。

表 4.2　工作方式设置位

| M1 | M0 | 工 作 方 式 | 功 能 说 明 |
| --- | --- | --- | --- |
| 0 | 0 | 方式 0 | 13 位计数器 |
| 0 | 1 | 方式 1 | 16 位计数器 |
| 1 | 0 | 方式 2 | 自动重装 8 位计数器 |
| 1 | 1 | 方式 3 | 定时器 0 分成两个 8 位；定时器 1 停止计数 |

寄存器 TCON 的位地址是 88H，可以对它进行位寻址。TCON 的低 4 位用于控制外部中断，高 4 位用于控制定时器/计数器的启动和中断请求，其格式如图 4.10 所示。

| D7 | D6 | D5 | D4 | D3 | D2 | D1 | D0 |
| --- | --- | --- | --- | --- | --- | --- | --- |
| TF1 | TR1 | TF0 | TR0 | IE1 | IT1 | IE0 | IT0 |

图 4.10　TCON 格式

TF1(TCON.7)为 T1 溢出中断请求标志位。T1 计数溢出时由硬件自动置 TF1 为 1。CPU 响应中断后 TF1 由硬件自动清 0。

TR1(TCON.6)为 T1 起/停控制位。1：启动；0：停止。

TF0(TCON.5)为 T0 溢出中断请求标志位,其功能与 TF1 的相同。

TR0(TCON.4)为 T0 起/停控制位。1:启动;0:停止。

# 4.4 项目二:一只 LED 灯闪烁(闪烁频率确定,长时间定时)

**1. 设计功能描述**

实现与单片机 P1.0 引脚连接的 LED 灯以 2 s 的周期闪烁。

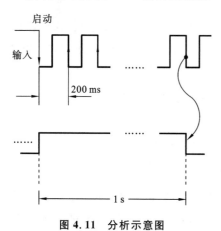

**图 4.11 分析示意图**

**2. 项目分析**

题目要求定时 1 s,定时器/计数器的三种工作方式都不能满足要求。对于较长时间的定时,应采用复合定时的方法。

这里使用定时器 T0 定时,工作在方式 1,定时时间为 100 ms,定时时间到后 P1.7 反相,即 P1.7 引脚输出周期为 200 ms 的方波脉冲。另设定时器 T1 计数,工作方式 2,对 T1 输入的脉冲计数,当计数满 5 次时,定时 1 s 时间到,P1.0 端反相,改变灯的状态。

示意图如图 4.11 所示,采用 6 MHz 晶振,定时时间为 100 ms,机器周期为 2 μs,需要的计数次数 = $100 \times 10^3/2 = 50000$,即初值为 $65536 - 50000$。

**3. 硬件电路图**

硬件电路图见图 4.8。

**4. 程序代码**

```
#include <reg51.h>

sbit P1_0=P1^0;
sbit P1_7=P1^7;
timer0() interrupt 1              /*定时器 T0 中断服务程序*/
{
P1_7=! P1_7;
TH0=(65536-50000)/256;            /*重装计数初值*/
TL0=(65536-50000)%256;
}
Timer1() interrupt 3              /*定时器 T1 中断服务程序*/
{
P1_0=!P1_0;
}
main ()                           /*主函数*/
{
```

```
P1_0=0;
P1_7=1;
TMOD=0x61;
TH0=(65536-50000)/256;                        /*预置计数初值 */
TL0=(65536-50000)%256;
TH1=256-5;
TL1=256-5;
IP=0x08;
EA=1;
ET0=1;
ET1=1;
TR0=1;
TR1=1;
while(1);
```

5. 相关知识点

1) 定时器/计数器溢出

当定时器/计数器收到一个驱动事件时,数据寄存器的内容加 1,当数据寄存器的值达到最大时,将产生一个溢出中断,单片机复位后所有寄存器的值都被初始化为 0x00。

2) Proteus 软件中示波器的使用

点击 Proteus 软件左侧工具栏上的"Virtual Instruments Mode",在出现的"INSTRUMENTS"列表中选择"OSCILLOSCOPE",即选中虚拟示波器,如图 4.12 所示。

在绘图区点击左键即可完成虚拟示波器的放置,A、B、C、D 为四个输入通道,将它们连接到要测试波形的节点即可。启动 Proteus 仿真,示波器显示面板会自动打开,I/O 口有输出波形显示。

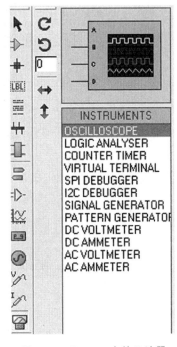

图 4.12　Proteus 中的示波器

# 4.5　项目三:八段数码管依次显示 0~9

1. 设计功能描述

实现共阳极八段数码管依次显示 0~9 十个数字。

2. 项目分析

八段数码管要显示数字 0,则数码管的 abcdef 段点亮,其他段熄灭,即与 abcdef 段连接的单片机引脚输出低电平,其他引脚输出高电平。显示其他数字也是同样的道理。轮流显示 0~9 十个数字,显示一个数字后延时一段时间,再显示另外一个数字。

3. 硬件电路图

硬件电路图如图 4.13 所示。

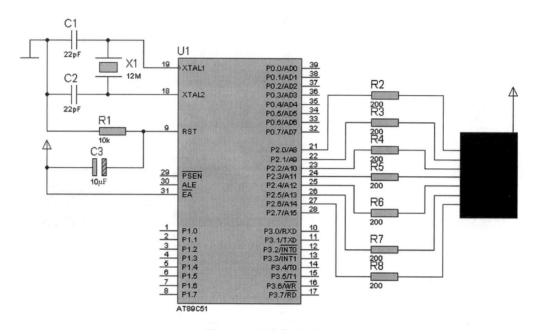

图 4.13 硬件电路图(2)

4. 程序代码

```c
#include<reg51.h>

unsigned char code table[ ]={0xc0,0xf9,0xa4,0xb0,0x99,0x92,0x82,
0xf8,0x80,0x90};                    /*共阳极数码管段码表*/
main( )
{
unsigned char counter=0;            /*变量定义,记录要显示数字的个数*/

TMOD=0x01;                          /*定时器T0,工作方式1*/
TR0=1;                              /*启动定时器*/
for(;;)
{
    TH0=(65536-1000)/256;           /*定时初值*/
    TL0=(65536-1000)%256;
    do
      {
      } while (!TF0);               /*等待定时完成*/
    if (counter >=9)                /*判断十个数字是否显示完*/
        {
            counter=0;
        }
        else
        {
            counter+ + ;
        }
```

```
                P2=table[counter];          /*取数组中数字对应的段码*/
            }
            TF0=0;
        }
```

5. 相关知识点

1) 数码管结构

数码管是一种将多个 LED 显示段集成在一起的显示设备,具有亮度高、使用电压低、显示清晰和寿命长等特点,其按内部结构不同可分为共阴极和共阳极两种,如图 4.14 所示。

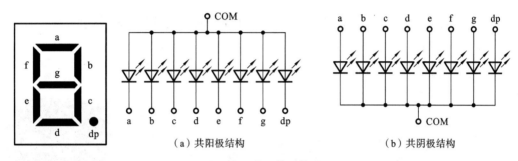

（a）共阳极结构　　　　　　　（b）共阴极结构

图 4.14　数码管结构图

根据八段数码管的显示原理,要使数码管显示相应的字符必须使单片机 I/O 口输出的数据(即输入到数码管每个字段发光二极管的电平)符合想要显示的字符要求。八段数码管的字形编码如表 4.3 所示。

表 4.3　常用字形编码表

| 字符 | 段选码 | | 字符 | 段选码 | |
|---|---|---|---|---|---|
| | （共阳） | （共阴） | | （共阳） | （共阴） |
| 0 | C0H | 3FH | A | 88H | 77H |
| 1 | F9H | 06H | B | 83H | 7CH |
| 2 | A4H | 5BH | C | C6H | 39H |
| 3 | B0H | 4FH | D | A1H | 5EH |
| 4 | 99H | 66H | E | 86H | 79H |
| 5 | 92H | 6DH | F | 8EH | 71H |
| 6 | 82H | 7DH | P | 8CH | 73H |
| 7 | F8H | 07H | H | 89H | 76H |
| 8 | 80H | 7FH | Y | 91H | 6EH |
| 9 | 90H | 6FH | U | 3EH | C1H |

2) 静态显示

静态显示是指数码管显示某一位字符时,相应的发光二极管恒定导通或恒定截止,每个数码管相互独立,公共端恒定接地(共阴极)或接电源(共阳极),每个数码管的每个字段分别与 I/O 口地址相连或与硬件译码器电路相连。静态显示占用时间少,编程简单,但其占用的口线多,硬件电路复杂,成本高,只适合于显示位数较少的应用。

# 4.6 项目四:秒表

1. 设计功能描述

两个八段数码管动态显示 00～99 s。

2. 项目分析

使用单片机的 P2 口、P1.0 引脚和 P1.1 引脚来驱动两位八段共阳极数码管。

3. 硬件电路图

硬件电路图如图 4.15 所示。

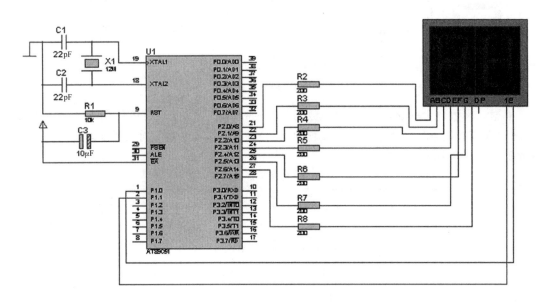

**图 4.15　硬件电路图(3)**

4. 程序代码

```
#include <reg51.h>

#define uint unsigned int
#define uchar unsigned char        /* 宏定义,程序中用到的 unsigned int 直接写成
                                      uint,unsigned char 直接写成 uchar */
uchar code table[]=
{0xc0,0xf9,0xa4,0xb0,0x99,0x92,0x82,0xf8,0x80,0x90};
                                   /* 共阳极数码管段码表 */
sbit P10=P1^0;                     /* 数码管位选 */
sbit P11=P1^1;                     /* 数码管位选 */
uint num=0;
uchar x=0;
```

```
void delay(uint i)                    /* 延时函数 */
{
  uint j;
  for(;i>0;i--)
  for(j=125;j> 0;j--);
}
void jishu(int num)
{
    P10=1;                            /* 选中低位数码管 */
    P11=0;                            /* 关闭高位数码管 */
        P2=table[num% 10] ;           /* 低位数码管显示 */
        delay(5) ;                    /* 延时 */
        P2=0xff;                      /* 消隐 */
        P10=0;                        /* 关闭低位数码管 */
        P11=1;                        /* 选中高位数码管 */
        P2=table[(num/10)%10] ;       /* 高位数码管显示 */
        delay(5) ;                    /* 延时 */
        P2=0xff;                      /* 消隐 */

}

void time0() interrupt 1              /* 中断函数,定时 1s */
{
    if(++x==20)
    {
        x=0;
        num++;
    }
        TH0= (65536- 50000)/256;
        TL0= (65536- 50000)%256;
}
void main()
{
    TMOD=0x01;
    TH0=(65536-50000)/256;'
    TL0=(65536-50000)%256;
    EA=1;
    ET0=1;
    TR0=1;
      while(1)
    {
        jishu(num) ;
    }
}
```

### 5. 相关知识点

#### 1）数码管动态显示

数码管动态显示硬件电路图如图 4.16 所示。

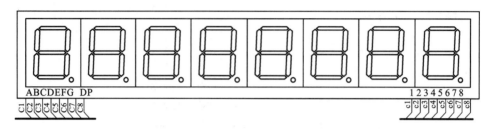

**图 4.16　数码管动态显示硬件电路图**

数码管动态显示的原理为几个数码管一个一个地显示,数码管之间的切换时间如果较短,则利用视觉暂留现象,可让人感觉到好像是几个数码管在同时显示。

由图 4.16 可知,所有数码管的段选线并联在一起,由位选线控制哪一位数码管有效。如果是共阴极,若想让某个数码管亮,则必须对其加低电平;如果是共阳极,若想让某个数码管亮,则必须对其加高电平。

#### 2）函数编写

中断服务程序的函数定义的语法格式如下:

```
返回值　函数名([参数])
interrupt　n[using m]
```

n 为中断源编号,可以是 0～31 间的整数 ,不允许是带运算符的表达式,interrupt n 表示将函数声明为中断服务函数。

using m 选项用于实现工作寄存器组的切换,m 是中断服务子程序中选用的工作寄存器组号(0～3)。在许多情况下,响应中断时需保护有关现场的信息,以便中断返回后,能使中断前的源程序从断点处继续正确地执行下去。这在 8051 单片机中,能很方便地利用工作寄存器组的切换来实现。即在进入中断服务程序前的程序中使用一组工作寄存器,进入中断服务程序后,由"using m"切换到另一组寄存器,中断返回后再恢复到原寄存器组。这样互相切换的两组寄存器中的内容都没有被破坏。

8051 单片机是基于累加器的单片机,其具有 8 个通用寄存器(R0～R7),每个寄存器都是一个单字节的寄存器。这 8 个通用寄存器可以认为是一组寄存器或一个寄存器组,8051 单片机提供了 4 个可用的寄存器组。当使用中断时,多组寄存器将带来许多方便。典型的 8051 单片机需要选择或切换寄存器组,默认使用寄存器组 0,寄存器组 1、2 或 3 最好在中断服务程序中使用,以避免用堆栈保存或恢复寄存器。

8051 单片机的 4 个寄存器组的每组 8 字节位于内部 RAM 的起始位置,分配 R0～R7 对应这 8 个字节。寄存器组使得程序流程有非常快的上下文切换。当发生中断时,典型变化包括由一动作移动到另一动作,并不是压入和弹出堆栈,两位的改变可保存所有 8 个寄存器。这是上下文切换,是 8051 硬件设计的固有结构。当运行一个中断任务时,会采用不同的寄存器组。一个任务的 8 字节保留,另一个不同的 8 字节用在新任务中。

中断服务函数可自动完成以下功能:将 ACC、B、DPH、DPL 和 PSW 等寄存器的内容保存到堆栈中。

（1）如果没有使用 using m 关键字切换工作寄存器组,则自动把在中断服务函数中用到的工作寄存器保存到堆栈中。

（2）在中断服务函数的最后恢复堆栈中保护相关寄存器的内容。

（3）生成 RETI 指令返回主程序。

编写 8051 中断服务函数应注意以下几点。

（1）中断服务函数不能进行参数传递,中断服务函数中包含任何参数声明都将导致编译出错。

（2）中断服务函数没有返回值,如果企图定义一个返回值将得不到正确的结果,建议在定义中断服务函数时将其定义为 void 类型,以明确说明没有返回值。

（3）在任何情况下都不能直接调用中断服务函数,否则会产生编译错误。因为中断服务函数的返回是由 8051 单片机的 RETI 指令完成的,RETI 指令影响 8051 单片机的硬件中断系统。如果在没有实际中断的情况下直接调用中断服务函数,则 RETI 指令的操作结果会产生一个致命的错误。

（4）如果在中断服务函数中调用了其他函数,则被调用函数所使用的寄存器必须与中断服务函数的相同,否则会产生不正确的结果。

（5）C51 编译器对中断服务函数编译时会自动在程序开始和结束处加上相应的内容,具体如下:在程序开始时将 ACC、B、DPH、DPL 和 PSW 入栈,结束时出栈。中断函数未加 using m 修饰符的,开始时还要将 R0~R1 入栈,结束时出栈。如中断服务函数加 using m 修饰符,则在开始时将 PSW 入栈后还要修改 PSW 中的工作寄存器组选择位。

（6）C51 编译器从绝对地址 $8 \times n + 3$ 处产生一个中断向量,其中,n 为中断号,也即 interrupt 后面的数字。该向量包含一个到中断服务函数入口地址的绝对跳转。

3）特殊功能寄存器

（1）中断请求标志寄存器 TCON。

TCON 是定时器控制寄存器,同时它又能锁存外部中断请求标志和定时器/计数器 T0、T1 溢出标志。当 CPU 检测到或收到中断请求时,可根据这些标志来决定是否响应这些中断请求。下面只介绍与中断有关的位。TCON 位地址如图 4.17 所示。

|  | D7 | D6 | D5 | D4 | D3 | D2 | D1 | D0 |
|---|---|---|---|---|---|---|---|---|
| TCON | TF1 | TR1 | TF0 | TR0 | IE1 | IT1 | IE0 | IT0 |
| 位地址 | 8FH | 8EH | 8DH | 8CH | 8BH | 8AH | 89H | 88H |

**图 4.17 TCON 位地址示意图**

IT0:外部中断 $\overline{INT0}$ 的触发方式控制位。由软件来置 1 或清 0,以控制外部中断 $\overline{INT0}$ 的触发方式。当 IT0=1 时,外部中断 $\overline{INT0}$ 为下降沿触发;当 IT0=0 时,外部中断 $\overline{INT0}$ 为低电平触发。

IE0:外部中断 $\overline{INT0}$ 的请求标志位。当 $\overline{INT0}$ 引脚上出现中断请求信号(低电平或脉冲下降沿)时,硬件自动将 IE0 置 1,产生中断请求标志。当 CPU 响应中断时,由硬件清除。

IT1:外部中断 $\overline{INT1}$ 的触发方式控制位。功能与 IT0 相同。

IE1:外部中断 $\overline{INT1}$ 的请求标志位。功能与 IE0 相同。

（2）串行口控制寄存器 SCON。

当串行口发生中断请求时，SCON 的低两位锁存串行口的发送中断和接收中断。SCON位地址如图 4.18 所示。

| | D7 | D6 | D5 | D4 | D3 | D2 | D1 | D0 |
|---|---|---|---|---|---|---|---|---|
| SCON | — | — | — | — | — | — | TI | RI |
| 位地址 | — | — | — | — | — | — | 99H | 98H |

**图 4.18　SCON 位地址示意图**

RI：串行口接收中断请求标志位。当串行口接收到一个字符后，由内部硬件使接收中断请求标志位 RI 置位，表示串行口接收器正向 CPU 请求中断。硬件不能使 RI 标志自动清 0，必须在中断服务程序中借助指令清 0。

TI：串行口发送中断请求标志位。当串行口发送完一个字符后，由内部硬件使发送中断请求标志位 TI 置位，表示串行口正在向 CPU 请求中断。当 CPU 响应中断，转向串行口中断服务时，硬件不能使 TI 标志自动清 0，必须在中断服务程序中借助指令清 0。

（3）中断允许控制寄存器。

在 8051 单片机的中断系统中，由中断源向 CPU 发出中断请求，但 CPU 是否响应，怎样响应，就得由中断允许控制寄存器 IE 以及中断优先级控制寄存器 IP 来管理。这个管理主要通过对 IE 和 IP 的编程来实现。

8051 单片机对中断源的开放或屏蔽由中断允许控制寄存器 IE 控制，字节地址为 A8H，各位功能如图 4.19 所示。

| | D7 | D6 | D5 | D4 | D3 | D2 | D1 | D0 |
|---|---|---|---|---|---|---|---|---|
| IE | EA | — | — | ES | ET1 | EX1 | ET0 | EX0 |
| 位地址 | 0AFH | — | — | 0ACH | 0ABH | 0AAH | 0A9H | 0A8H |

**图 4.19　IE 位地址示意图**

IE 对中断的开放和关闭为两级控制。

EA：中断允许总控位，8051 单片机 CPU 的开放中断标志位。EA＝0，CPU 屏蔽所有中断请求；EA＝1，CPU 开放中断，但 5 个中断源的中断请求是否允许，还需由对应的中断请求允许控制位决定。

EX0：外部中断 0 允许位。EX0＝1，允许外部中断 0 中断；EX0＝0，禁止外部中断 0 中断。

EX1：外部中断 1 允许位。EX1＝1，允许外部中断 1 中断；EX1＝0，禁止外部中断 1 中断。

ET0：定时器/计数器 T0 溢出中断允许位。ET0＝1，允许 T0 中断；ET0＝0，禁止 T0 中断。

ET1：定时器/计数器 T1 溢出中断允许位。ET1＝1，允许 T1 中断；ET1＝0，禁止 T1 中断。

ES：串行口中断允许位。ES＝1，允许串行口中断；ES＝0，禁止串行口中断。

8051 复位后，IE 清 0，所有中断请求被禁止。要想改变 IE 的内容，可由位操作指令来实现，或用字节操作指令来编写。

（4）中断优先级控制寄存器。

8051 单片机中，两个优先级的结构可实现中断嵌套服务，中断优先级的控制原则如下。

低优先级中断源可被高优先级中断源所中断，而高优先级中断源不能被任何中断源所中断;一种中断源(不管是高优先级还是低优先级)一旦得到响应,与它同级的中断源便不能再中断它;有多个同级中断源同时向 CPU 请求中断时,CPU 的响应顺序如表 4.4 所示。

表 4.4 中断响应顺序

| 中 断 源 | 同级内的中断响应顺序 |
|---|---|
| 外部中断 0<br>定时器/计数器 T0 溢出中断<br>外部中断 1<br>定时器/计数器 T1 溢出中断<br>串行口中断 | 最高<br>↓<br>最低 |

8051 单片机的高、低中断优先级通过 IP 来设定,其字节地址为 B8H,各位功能如图 4.20 所示。

| | D7 | D6 | D5 | D4 | D3 | D2 | D1 | D0 |
|---|---|---|---|---|---|---|---|---|
| IP | — | — | — | PS | PT1 | PX1 | PT0 | PX0 |
| 位地址 | — | — | — | 0BCH | 0BBH | 0BAH | 0B9H | 0B8H |

图 4.20 IP 位地址示意图

PX0:外部中断 0 优先级控制位。PX0=1,外部中断 0 为高优先级;PX0=0,外部中断 0 为低优先级。

PT0:T0 溢出中断优先级控制位。PT0=1,定时器 T0 为高优先级;PT0=0,定时器 T0 为低优先级。

PX1:外部中断 1 优先级控制位。PX1=1,外部中断 1 为高优先级;PX1=0,外部中断 1 为低优先级。

PT1:T1 溢出中断优先级控制位。PT1=1,定时器 T1 为高优先级;PT1=0,定时器 T1 为低优先级。

PS:串行口中断优先级控制位。PS=1,串行口为高优先级;PS=0,串行口为低优先级。

中断优先级控制寄存器 IP 中的各个控制位都可通过编程来置位或复位(借助位操作指令或字节操作指令),单片机复位后 IP 中各位均为 0,各个中断源均为低优先级中断源。

# 习题四

1. 8051 单片机定时器/计数器的定时功能和计数功能有什么不同?

2. 当定时器/计数器工作于方式 0,晶振频率为 6 MHz 时,请计算最短定时时间和最长定时时间。

3. 若 TMOD=A6H,则定时器/计数器 0 和 1 分别在什么方式下工作?

4. 简述 8051 单片机定时器/计数器的 4 种工作方式的特点及选择和设定这 4 种工作方式的方法。

5. 设单片机采用 12 MHz 的频率,现想利用定时的方法在 P1.6 引脚产生频率为 100 kHz 的方波,试编写程序。

6. 采用频率为 12 MHz 的单片机,在 P1.6 引脚上输出周期为 2.5 s,占空比为 20% 的脉冲信号,试编写程序。

7. 试编写程序:先奇数位的灯亮,后偶数位的灯亮,间隔时间为 300 s,循环 5 次后关闭发光二极管。

8. 8051 单片机的中断系统由哪些功能部件组成?

9. CPU 响应中断有哪些条件?

10. 8051 单片机的中断矢量地址分别是多少?

11. 8051 单片机有哪几个中断源? 如何设定它们的优先级?

12. 外部中断有哪两种触发方式? 对触发脉冲或电平有什么要求?

13. 简述 CPU 响应中断的过程。

14. 8051 单片机的中断系统如何实现两级中断嵌套?

15. 中断响应后,怎样保护断点和保护现场?

16. 设晶振频率为 12 MHz,外部中断采用电平触发方式,那么中断请求信号的低电平至少应持续多长时间?

17. 8051 单片机中若要扩充中断源,可采用哪种方法?

# 第 5 章　单片机串行接口

【本章导读】　本章主要介绍单片机串行接口的结构、工作模式及应用。通过学习本章,学生应理解串行通信与并行通信两种通信方式的异同,掌握串行通信的重要指标(字符帧格式和波特率),进而掌握 8051 单片机串行接口(简称串行口)的使用方法及编程应用。

## 5.1　单片机串行接口介绍

### 5.1.1　串行通信

1. 串行通信基础知识

单片机与计算机或单片机与单片机之间的信息交换称为通信。串行通信是指所传送数据的各位按顺序一位一位地发送或接收。其特点是仅需一条或者两条传输线,传输线少,比较经济,适合远距离传输,但是传送速度较慢。通常单片机与计算机之间的通信应用较为广泛,且在单片机系统以及现代单片机测控系统中,信息的交换多采用串行通信方式。单片机与单片机之间串行通信方式的连接方法如图 5.1 所示。

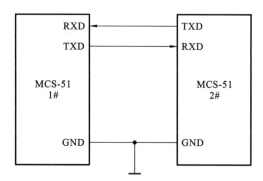

**图 5.1　单片机与单片机之间串行通信**

2. 串行通信的数据传输形式

按照传输数据的流向,串行通信具有以下 3 种传输形式。

(1) 单工方式:传输线采用一根线,通信系统一端为发送端(TXD),一端为接收端(RXD),数据只能按照一个固定的方向传送,如图 5.2(a)所示。

(2) 半双工方式:传输线仍然采用一根线,在某时刻,通信系统只能由一个 TXD 和一个 RXD 组成,数据不能同时在两个方向上传送,收发开关借助软件方式切换,如图 5.2(b)所示。

(3) 全双工方式:这种方式分别用两根独立的传输线(一般是双绞线或同轴电缆)来发送

数据和接收数据,通信系统每端都有 TXD 和 RXD,可以同时进行发送和接收,即数据可以在两个方向上同时传送,如图 5.2(c)所示。实际应用中,尽管多数串行通信接口电路具有全双工功能,但仍以半双工为主(简单实用)。

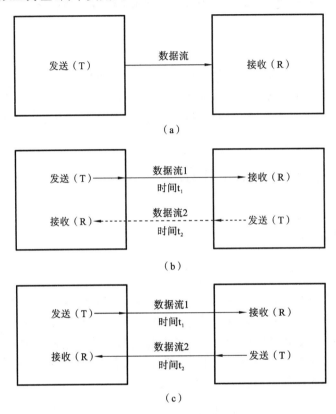

图 5.2 串行通信的数据传输形式

3. 串行通信的基本方式

根据发送与接收设备时钟的匹配方式,串行通信可分为异步串行通信和同步串行通信两种基本方式。

(1) 异步串行通信:以字符为单位组成字符帧进行数据传送。发送方和接收方可以用各自的时钟来控制数据的发送和接收,但是要依靠字符帧格式和波特率来协调。因此字符帧格式和波特率是异步串行通信的两个重要指标。异步串行通信时,一帧数据由起始位、数据位、奇偶校验位和停止位四部分构成,如图 5.3 所示。

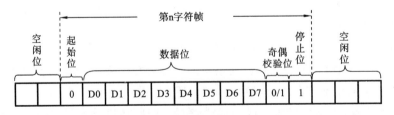

图 5.3 异步串行通信字符帧格式

起始位:位于一帧数据的开始,占 1 位,始终为低电平(逻辑"0"),起始位是一个字符数据的开始标志。

数据位:要传输的数据信息,可以是字符或数据,一般为 5~8 位,由低位到高位依次传送。

奇偶校验位:位于数据位之后,占 1 位,用于发送数据的校验,或传送多机串行通信的联络信息。

停止位:位于一帧数据的末尾,可以是 1 位、1.5 位或 2 位,始终为高电平(逻辑"1"),停止位是一个字符数据的结束标志。

(2) 同步串行通信:以数据块为单位进行数据传送。同步串行通信中的数据帧与异步串行通信中的字符帧不同,通常同步字符、数据字符和校验字符三部分组成一个信息组。在发送一组数据时,只在开始用若干个同步字符作为双方的号令,然后连续发送整组数据。同步串行通信要求在传输线路上始终保持连续的字符位流,若没有字符,则发送专用的空闲字符或同步字符。同步串行通信由统一的时钟控制发送方和接收方。同步串行通信传输效率高(以数据块为单位连续传送,数据结构紧凑)、对通信硬件要求高(要求双方有准确的时钟)。本章不考虑同步串行通信问题,在此不做重点叙述。

4. 波特率

波特率是异步串行通信的重要指标,用于表征数据传送的速率。波特率是指每秒传送二进制数码的位数,单位是 b/s(位/秒)。波特率越高,表示数据传送得越快。波特率的倒数即为每一位二进制数码的传送时间。

例如,数据传送速率为 120 字符/秒,而每个字符包含 1 个起始位、8 个数据位、1 个停止位,则传送的波特率为 $10 \times 120$ b/s=1200 b/s。每一位二进制数码的传送时间为 1/1200 s≈0.833 ms。

在串行通信中,接收方和发送方必须采用相同的波特率。通过编程可对单片机串行口定义 4 种工作方式,分别对应 3 种波特率。有关波特率的计算将在第 5.1.2.3 节中予以介绍。

## 5.1.2 串行接口

8051 系列单片机片内集成了一个可编程的全双工通用串行通信接口,可以作为通用异步接收/发送器(UART),也可以作为同步移位寄存器,通过引脚 RXD(P3.0)和 TXD(P3.1)与外界进行通信。8051 单片机的串行接口有 4 种工作方式,波特率可用软件设置,由单片机片内的定时器/计数器 T1 产生。串行口接收、发送数据均可触发中断系统,使用十分方便。8051 单片机的串行口除了可以用于串行数据通信之外,还可以非常方便地用来扩展并行 I/O 口。

### 5.1.2.1 串行口的结构

8051 系列单片机串行口的内部结构如图 5.4 所示,其主要由发送 SBUF(缓冲寄存器)、接收 SBUF、输入移位寄存器、发送控制器、接收控制器、串行控制寄存器、定时器 T1、接收端(RXD)和发送端(TXD)等组成。

1. 发送 SBUF 和接收 SBUF

两者在物理上相互独立,可同时发送、接收数据。发送 SBUF 用于存放准备发送出去的数据,只能写入,不能读出;接收 SBUF 用于接收由外部输入到输入移位寄存器中的数据,只能读出,不能写入。两个缓冲寄存器共用一个字节地址(99H),通过读写指令区别是对哪个SBUF 的操作,如发送执行写命令;接收执行读命令。

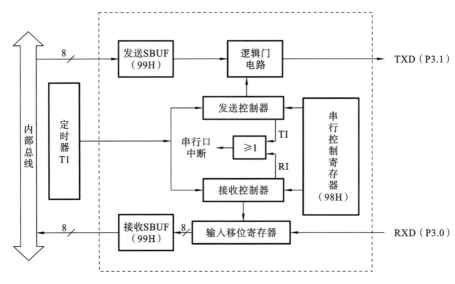

图 5.4 8051 系列单片机串行口结构图

2. 定时器 T1

利用定时器 T1 产生通信时钟,控制串行通信发送和接收的速率。

3. 发送控制器

在逻辑门电路和定时器 T1 的配合下,将发送 SBUF 中的并行数据转为串行数据,并自动添加起始位、奇偶校验位、停止位。这一过程结束后自动使发送中断请求标志位 TI 置 1,用以通知 CPU 将发送 SBUF 中的数据输出到 TXD 引脚。

4. 接收控制器

在输入移位寄存器和定时器 T1 的配合下,使来自 RXD 引脚的串行数据转为并行数据,并自动过滤掉起始位、奇偶校验位、停止位。这一过程结束后自动使接收中断请求标志位 RI 置 1,用以通知 CPU 将接收的数据存入接收 SBUF。

5. 输入移位寄存器

输入 8 位串行数据,并将其转换为 8 位并行数据输出。

6. 串行控制寄存器

用于存放串行口的控制和状态信息。

7. RXD(P3.0)和 TXD(P3.1)

用于串行信号或时钟信号的输入或输出。

5.1.2.2 与串行口有关的寄存器

与 8051 单片机串行口有关的寄存器共有 6 个,分别是串行口控制寄存器(SCON)、电源控制寄存器(PCON)、中断允许控制寄存器(IE)、中断优先级控制寄存器(IP)、发送 SBUF 和接收 SBUF。其中最重要的是串行口控制寄存器,在使用串行口时,必须首先对它进行初始化。下面对这几个特殊功能寄存器予以详细介绍。

1. 串行口控制寄存器

串行口控制寄存器用于串行通信的方式选择、接收和发送控制,并反映串行口的工作状态,其格式如图 5.5 所示。字节地址为 98H,可位寻址,位地址为 98H~9FH,即 SCON 的所有位都可用软件来进行位操作(清 0 或置 1)。复位时所有位被清 0。各位的含义如下。

| | 9FH | 9EH | 9DH | 9CH | 9BH | 9AH | 99H | 98H |
|---|---|---|---|---|---|---|---|---|
| SCON<br>(98H) | SM0 | SM1 | SM2 | REN | TB8 | RB8 | TI | RI |
| | D7 | D6 | D5 | D4 | D3 | D2 | D1 | D0 |

**图 5.5 串行口控制寄存器的格式**

(1) SM0、SM1:串行口的工作方式选择位,决定 4 种工作方式,如表 5.1 所示。

**表 5.1 串行口工作方式选择表**

| SM0 | SM1 | 工作方式 | 功能说明 | 波特率 |
|---|---|---|---|---|
| 0 | 0 | 方式 0 | 同步移位寄存器(用于扩展 I/O 口) | $f_{osc}/12$ |
| 0 | 1 | 方式 1 | 10 位异步收发 | 可变,由定时器 T1 控制 |
| 1 | 0 | 方式 2 | 11 位异步收发 | $f_{osc}/32$ 或 $f_{osc}/64$ |
| 1 | 1 | 方式 3 | 11 位异步收发 | 可变,由定时器 T1 控制 |

(2) SM2:多机通信控制位,主要用于方式 2 和方式 3。

① 当串行口以方式 2 或方式 3 接收时,若置 SM2=1,则只有当接收到的第 9 位数据(RB8)为"1"时,才使 RI 置 1,产生中断请求,并将接收到的前 8 位数据送入 SBUF;当接收到的第 9 位数据(RB8)为"0"时,将接收到的前 8 位数据丢弃。若置 SM2=0,则不论收到的第 9 位数据(RB8)为"1"还是"0",都将接收到的前 8 位数据送入 SBUF,并使 RI 置 1,产生中断请求。

② 在方式 1 下,如果 SM2=1,则只有接收到有效的停止位时才会激活 RI。

③ 在方式 0 下,SM2 必须为 0。

(3) REN:允许串行接收位,由软件置 1 或清 0。

REN=1,则允许串行口接收数据;REN=0,则禁止串行口接收数据。

(4) TB8:发送数据的第 9 位。

在方式 2 或方式 3 中,TB8 是发送数据的第 9 位,可以由软件置 1 或清 0。在双机串行通信中,TB8 可以作为数据的奇偶校验位;在多机通信中,其可以作为地址帧/数据帧的标志位,TB8=1 为地址帧,TB8=0 为数据帧。在方式 0 和方式 1 中,该位未用。

(5) RB8:接收到的数据的第 9 位。

在方式 2 或方式 3 中,RB8 是接收到的数据的第 9 位,其作为奇偶校验位或地址帧/数据帧的标志位。在方式 1 下,若 SM2=0,则 RB8 是接收到的停止位;在方式 0 下,不使用 RB8。

(6) TI:发送中断标志位。

在方式 0 下,当串行发送的第 8 位数据结束时,或在其他方式下,当串行发送到停止位时,由内部硬件使 TI 置 1,向 CPU 发出中断申请。TI=1 表示一帧数据发送完毕。TI 位的状态可供软件查询,也可申请中断。在中断服务程序中,必须用软件将其清 0,以取消此中断申请。

(7) RI:接收中断标志位。

在方式 0 下,当串行接收的第 8 位数据结束时,或在其他方式下,当串行接收到停止位时,由内部硬件使 RI 置 1,向 CPU 发出中断申请。RI＝1 表示一帧数据接收完毕。RI 位的状态可供软件查询。在中断服务程序中,必须用软件将其清 0,以取消此中断申请。

**2. 电源控制寄存器**

电源控制寄存器主要用于电源控制,字节地址为 87H,不能位寻址,其格式如图 5.6 所示。

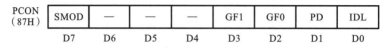

| PCON (87H) | SMOD | — | — | — | GF1 | GF0 | PD | IDL |
|---|---|---|---|---|---|---|---|---|
| | D7 | D6 | D5 | D4 | D3 | D2 | D1 | D0 |

图 5.6　电源控制寄存器的格式

PCON 中只有最高位 SMOD 与串行口工作有关:SMOD 为串行口波特率的倍增位。在方式 1、方式 2、方式 3 下,当 SMOD＝1 时,波特率提高一倍;当 SMOD＝0 时,波特率不加倍。系统复位时,SMOD＝0。

PCON 的低 4 位是单片机掉电方式控制位,说明如下:GF1 和 GF0 为通用标志位,由软件置位或复位;PD 为掉电方式控制位,PD＝1 进入掉电方式;IDL 为待机方式控制位,IDL＝1进入待机方式。

**3. 中断允许控制寄存器**

中断允许控制寄存器主要用于控制单片机各中断源的开放或屏蔽。IE 的字节地址为A8H,可进行位寻址,其格式如图 5.7 所示。

| | AFH | AEH | ADH | ACH | ABH | AAH | A9H | A8H |
|---|---|---|---|---|---|---|---|---|
| IE (A8H) | EA | — | — | ES | ET1 | EX1 | ET0 | EX0 |
| | D7 | D6 | D5 | D4 | D3 | D2 | D1 | D0 |

图 5.7　中断允许控制寄存器的格式

IE 中的 ES 为串行口中断允许位,ES＝1,则允许 RI/TI 中断;ES＝0,则禁止 RI/TI中断。

**4. 中断优先级控制寄存器**

中断优先级控制寄存器的主要功能是进行各中断源优先级的设置,其字节地址为 B8H,可进行位寻址,其格式如图 5.8 所示。

| | BFH | BEH | BDH | BCH | BBH | BAH | B9H | B8H |
|---|---|---|---|---|---|---|---|---|
| IP (B8H) | — | — | — | PS | PT1 | PX1 | PT0 | PX0 |
| | D7 | D6 | D5 | D4 | D3 | D2 | D1 | D0 |

图 5.8　中断优先级控制寄存器的格式

IP 中的 PS 为串行口中断优先级控制位,PS＝1,则串行口设定为高优先级;PS＝0,则串行口设定为低优先级。

**5.1.2.3　串行口工作方式**

8051 单片机串行口有 0、1、2、3 四种工作方式,由串行口控制寄存器中的 SM0、SM1 两位进行定义,编码如表 5.1 所示。下面重点讨论各种方式的功能和特性。

**1. 工作方式 0**

串行口的工作方式 0 为同步移位寄存器的输入/输出方式,主要用于扩展并行输入或输出口。数据由 RXD(P3.0)引脚输入或输出,同步移位脉冲由 TXD(P3.1)引脚输出。发送和接收均为 8 位数据,没有起始位和停止位,低位在先,高位在后。波特率固定为$f_{osc}/12$。

1) 方式 0 输出(发送)

当单片机执行写入 SBUF 指令(SBUF=a;)时,会产生一个正脉冲,启动串行口的发送过程。串行口把 SBUF 中的 8 位数据以 $f_{osc}/12$ 的固定波特率从 RXD 引脚串行输出,低位在前,高位在后,TXD 引脚输出同步移位脉冲,当 8 位数据发送完毕时,中断标志位 TI 置 1,表示一帧数据发送完毕。若还要发送下一帧数据,则必须用软件将 TI 清 0。方式 0 的发送时序如图 5.9 所示。

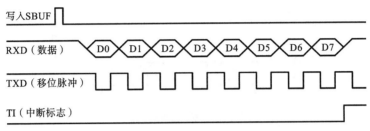

图 5.9　方式 0 的发送时序

2) 方式 0 输入(接收)

方式 0 输入时,REN 为允许串行接收位。REN=0,禁止接收;REN=1,允许接收。当 RI=0,且单片机执行指令"REN=1;"时,即 REN 置 1 时,产生一个正脉冲,启动串行口的接收过程。引脚 RXD 为数据输入端,引脚 TXD 为移位脉冲信号输出端,接收器以 $f_{osc}/12$ 的固定波特率采样 RXD 引脚的数据信息,当 8 位数据接收完毕时,中断标志位 RI 置 1,表示一帧数据接收完毕。若还要接收下一帧数据,则必须用软件将 RI 清 0。方式 0 的接收时序如图 5.10 所示。

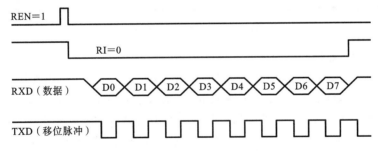

图 5.10　方式 0 的接收时序

串行口工作方式 0 的典型应用是串行口外接 8 位串行输入/并行输出的同步移位寄存器 74LS164,实现并行输出口的扩展,及串行口外接 8 位并行输入/串行输出的同步移位寄存器 74LS165,实现并行输入口的扩展。其输出接口逻辑电路如图 5.11(a)所示,输入接口逻辑电路如图 5.11(b)所示。

2. 工作方式 1

串行口的方式 1 为 10 位数据的异步串行通信方式。传送一帧数据的格式如图 5.12 所示,图中有 1 个起始位,8 个数据位和 1 个停止位。TXD 为数据发送引脚,RXD 为数据接收引脚。

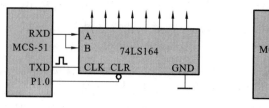 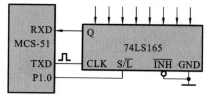

（a）输出接口逻辑电路　　　　　　　　　（b）输入接口逻辑电路

**图 5.11　方式 0 输出、输入接口逻辑电路**

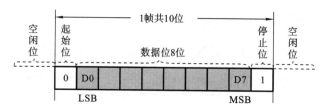

**图 5.12　方式 1 的帧格式**

1）方式 1 输出（发送）

串行口以方式 1 发送数据时，数据由 TXD 端输出，当单片机执行写入 SBUF 的命令时，即可启动一次发送过程，发送条件是 TI=0。当 8 位数据发送完毕时，TI 置 1。方式 1 的发送时序图如图 5.13 所示。

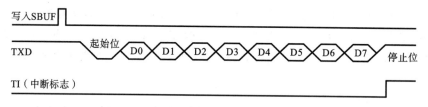

**图 5.13　方式 1 的发送时序**

2）方式 1 输入（接收）

串行口以方式 1 接收数据时，数据由 RXD 端输入。若 REN=1，接收器以所选择波特率的 16 倍速率采样 RXD 引脚电平，当检测到 RXD 引脚输入电平发生负跳变时，则说明起始位有效，将其移入输入移位寄存器，并开始接收这一帧信息的其余位。当 RI=0，且 SM2=0（或接收到的停止位为 1）时，将接收到的 9 位数据的前 8 位装入接收 SBUF，第 9 位（停止位）进入 RB8，并置 RI=1，向 CPU 请求中断。若不能同时满足 RI=0 和 SM2=0（或接收到的停止位为 1）这两个条件，则接收到的数据不能装入 SBUF，这意味着该帧数据将丢失。方式 1 的接收时序图如图 5.14 所示。

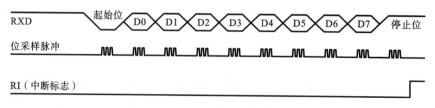

**图 5.14　方式 1 的接收时序**

3）方式 1 的波特率

方式 1 的波特率可调，其由定时器 T1 的溢出率与 SMOD 的值共同决定，即：

$$波特率 = \frac{2^{SMOD}}{32} \times 定时器 T1 的溢出率 \qquad (5\text{-}1)$$

在实际设定波特率时，用定时器 T1 的工作方式 2（自动重装载初值）确定波特率比较理想，它不需要用软件来设置初值，可避免因软件重装载带来的定时误差，且算出的波特率比较准确。即 TL1 作为 8 位计数器，TH1 存入备用初值。设定时器 T1 的工作方式 2 的初值为 X，则有：

$$定时器 T1 的溢出率 = \frac{f_{osc}/12}{256 - X} \qquad (5\text{-}2)$$

将式(5-2)代入式(5-1)，则有：

$$波特率 = \frac{2^{SMOD}}{32} \times \frac{f_{osc}/12}{256 - X} \qquad (5\text{-}3)$$

实际使用时，常常根据已知的波特率、时钟频率和 SMOD 来计算定时器 T1 的初值 X，即：

$$X = 256 - \frac{f_{osc} \times 2^{SMOD}}{384 \times 波特率} \qquad (5\text{-}4)$$

**例 5.1** 已知 MCS-51 单片机的时钟频率为 11.0592 MHz，选用 T1 的工作方式 2 作为波特率发生器，波特率为 4800 b/s，求定时初值。

设 SMOD＝0，将已知条件代入式(5-4)：

$$X = 256 - \frac{11.0592 \times 10^6 \times 2^0}{384 \times 4800} = 256 - 6 = 250 = FAH$$

只要把 FAH 装入 TH1 和 TL1，则 T1 发出的波特率即为 4800 b/s。实际编程中，为避免繁杂的初值计算，常用的波特率和初值 X 之间的换算关系常列成表 5.2 的形式，以供查询。本例的结果也可直接从表 5.2 中查到。

表 5.2 用定时器 T1 的工作方式 2 产生的常用波特率和定时初值

| 常用波特率 | $f_{osc} = 6$ MHz | | $f_{osc} = 11.0592$ MHz | | $f_{osc} = 12$ MHz | |
|---|---|---|---|---|---|---|
| | SMOD | X | SMOD | X | SMOD | X |
| 62.5 kHz | — | — | — | — | 1 | FFH |
| 19.2 kHz | — | — | 1 | FDH | — | — |
| 9.6 kHz | — | — | 0 | FDH | — | — |
| 4.8 kHz | — | — | 0 | FAH | 1 | F3H |
| 2.4 kHz | 1 | F3H | 0 | F4H | 0 | F3H |
| 1.2 kHz | 1 | E6H | 0 | E8H | 0 | E6H |

3. 工作方式 2

串行口的工作方式 2 为 11 位数据的异步串行通信方式。一帧数据的格式如图 5.15 所示。其有 1 个起始位、8 个数据位、1 个可程控位和 1 个停止位。

1）方式 2 输出（发送）

串行口以方式 2 发送数据时，数据由 TXD 端输出，附加的第 9 位数据为 SCON 中的 TB8。在发送前，先根据通信协议由软件设置 TB8（双机通信为奇偶校验位、多机通信为地址/

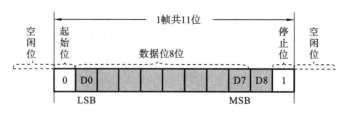

图 5.15　方式 2 的帧格式

数据的标志位),然后将要发送的数据写入 SBUF,即可启动发送过程。"写 SBUF"命令把 8 位数据装入 SBUF,同时还把 TB8 装到发送移位寄存器的第 9 位位置上,并通知发送控制器,要求进行一次发送,然后从 TXD 引脚输出一帧信息。发送完毕则置 TI 为 1,向 CPU 请求中断。串行口方式 2 的发送时序如图 5.16 所示。

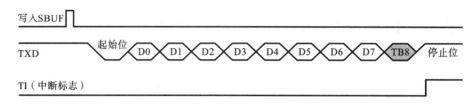

图 5.16　方式 2 的发送时序

2) 方式 2 输入(接收)

串行口以方式 2 接收数据时,过程与方式 1 的类似。接收时,先将 RI 清 0,当 REN=1 时,串行口处于允许接收状态,单片机开始不停地对 RXD 采样,采样速率为波特率的 16 倍,当检测到负跳变后启动接收器,在起始位 0 移到最左边时,控制电路进行最后一次移位。当 RI=0,且 SM2=0(或接收到的第 9 位数据为 1)时,接收到的数据装入接收 SBUF 和 RB8(接收数据的第 9 位),置 RI=1,向 CPU 请求中断。如果条件不满足,则数据丢失,且不置位 RI,继续搜索 RXD 引脚的负跳变。串行口方式 2 的接收时序如图 5.17 所示。

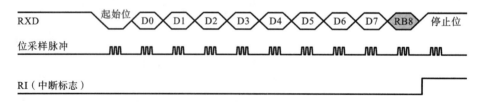

图 5.17　方式 2 的接收时序

3) 方式 2 的波特率

方式 2 的波特率由下式确定:

$$波特率=\frac{2^{SMOD}}{64}\times f_{osc} \tag{5-5}$$

4. 工作方式 3

串行口的工作方式 3 为 11 位数据的异步串行通信方式。方式 3 的帧格式、发送时序与接收时序和方式 2 的相同。

方式 3 的波特率也可调,其由定时器 T1 的溢出率与 SMOD 的值共同决定,与方式 1 的相同,由式(5-1)确定。

5.1.2.4　串行口初始化的一般步骤

在串行口工作之前,应对其进行初始化,主要是设置作为波特率发生器的定时器 T1、串行口工作方式和中断控制等,具体步骤如下。

(1) 在方式 1 或方式 3 下,首先需要确定 T1 的工作方式(设置 TMOD)。而在方式 0 或方式 2 下,无需设定波特率,可省略此步骤。

(2) 在方式 1 或方式 3 下,第二步是计算 T1 的初值,装载 TH1、TL1。同样,在方式 0 或方式 2 下,可省略此步骤。

(3) 在方式 1 或方式 3 下,第三步是启动 T1(设置 TCON 中的 TR1 位)。同样,若选定方式 0 或方式 2,可省略此步骤。

(4) 确定串行口控制(设置 SCON),按选定的工作方式设定 SM0、SM1 两位的二进制编码。在方式 2 或方式 3 下,应根据需要在 TB8 中写入待发送的第 9 位数据。

(5) 设定 SMOD 的状态,以控制波特率是否加倍。若选定方式 1 或方式 3,则应对定时器 T1 进行初始化以设定其溢出率。

(6) 串行口在中断方式工作时,要进行中断设置(设置 IE、IP)。

# 5.2　项目一:并行输出口扩展

1. 设计功能描述

实现八段数码管在按键控制下依次显示 0～9,即每按下一次按键,数码管显示的数值增加 1,数码管初始显示"0"。数码管显示的数据来自单片机的串行输出引脚 RXD。

2. 项目分析

此项目需要将单片机串行输出的数据送给八段数码管(8 位并行数据),即利用单片机串行口扩展并行输出口,需选择串行口工作方式 0,单片机片外还需扩展串行输入/并行输出芯片 74LS164。

3. 硬件电路图

利用串行输入/并行输出的同步移位寄存器实现串/并转换的 Proteus 仿真电路,如图 5.18 所示。

4. 程序代码

```
#include <reg51.h>              //51单片机头文件
#define uchar unsigned char     //宏定义
sbit P3_7=P3^7;                 //定义P3.7引脚为"加1键"
sbit P2_0=P2^0;                 //定义P2.0引脚为个位数码管的公共端
uchar code table[]={0x3f,0x06,0x5b,0x4f,0x66,0x6d,0x7d,0x07,0x7f,0x6f};
                                //共阴极数码管的段码表
uchar Count;                    //定义计数器

void delay10ms(void)            //延时10ms函数
{
```

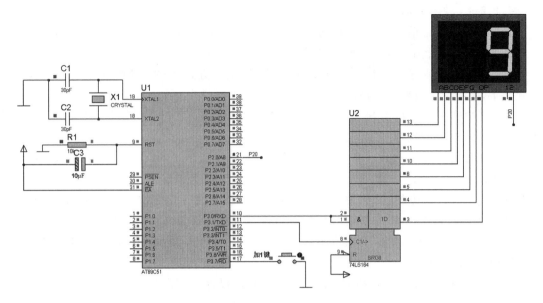

图 5.18 利用串行口扩展并行输出口

```
uchar i,j;
for(i=10;i>0;i--)
for(j=125;j>0;j--);
}
void main(void)
{
  P2_0=0;                        //选通个位数码管
  Count=0;                       //从 0 开始计数
  SBUF=table[Count%10];          //发送 0 的段码
  while(1)
  {
    if(P3_7==0)                  //判断"加 1 键"是否按下
    {
      delay10ms();               //延时消抖
      if(P3_7==0)                //确认"加 1 键"是否按下
      {Count++;                  //若"加 1 键"按下,则计数器加 1 计数
        if(Count==10)            //判断是否加到 10
        { Count=0;   }           //若加到 10,则重复从 0 开始
        SBUF=table[Count%10];    //发送计数值的段码
        while(P3_7==0);          //等待松键
      }
    }
  }
}
```

5. 相关知识点

串行口工作在方式 0 时,数据只能从 RXD 端输入/输出,此种工作方式下,TXD 端输出移

位同步时钟脉冲信号。如图 5.18 所示,单片机的 RXD 引脚与 74LS164 芯片的数据输入端相连,单片机的 TXD 引脚与 74LS164 的脉冲输入端相连,实现串行输入到并行输出的转换。

工作方式 0 下,当一个数据写入串行口发送 SBUF 时,串行口即将 8 位数据以 $f_{osc}/12$(本项目中 $f_{osc}=12$ MHz)的固定波特率从 RXD 引脚输出,低位在先。待 8 位数据发送完毕,中断标志位 TI 置 1。

# 5.3 项目二:并行输入口扩展

## 1. 设计功能描述

实现 8 只 LED 发光二极管显示开关状态,开关状态信息由单片机串行输入引脚 RXD 读入单片机内。

## 2. 项目分析

此项目需要将单片机串行输入口的数据(开关状态信息)送给 LED 显示,即利用单片机串行口扩展并行输入口,需选择串行口工作方式 0,单片机片外还需扩展并行输入/串行输出芯片 74LS165。

## 3. 硬件电路图

利用并行输入/串行输出的同步移位寄存器扩展 8 位输入口的 Proteus 仿真电路,如图 5.19 所示。

## 4. 程序代码

```
#include <reg51.h>            //51 单片机头文件

#define uint unsigned int     //宏定义
#define uchar unsigned char   //宏定义
sbit SPL=P3^7;                //定义 74LS165 的移位与置位控制端(SH/LD)

void delayxms(uint x)         //定义延时 xms 子函数
{uchar i,j;
for(i=x;i>0;i--)
for(j=125;j>0;j--);}

void main()
{
    SCON=0x10;                // SCON=00010000,设置串行口工作方式 1,REN
                              // =1,允许接收数据,复位 TI 和 RI

    while(1)
    {
        SPL=0;                //移位与置位控制,上升沿时移位
        SPL=1;
        while(RI==0);         //等待一个字节接收完
        RI=0;                 //清除接收标志位
```

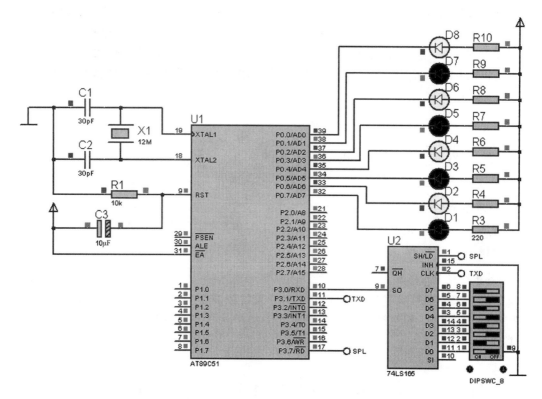

图 5.19  利用串行口扩展并行输入口

```
        P0=SBUF;                    //通过串行口接收
        delayxms(20);               //延时 20 ms
    }
}
```

5. 相关知识点

同上个项目一样,选择串行口工作方式 0。

如图 5.19 所示,单片机的 RXD 引脚与 74LS165 芯片的输出端 SO 相连,单片机的 TXD 引脚与 74LS165 的脉冲输入端相连,单片机的 P3.7 引脚与 74LS165 的 SH/$\overline{\text{LD}}$ 引脚相连, 74LS165 的 INH 引脚与 GND 相连,实现并行输入到串行输出的转换。

本项目中,$f_{osc}=12$ MHz,74LS165 的输入端"D0～D7"接 8 个开关,单片机的"P0.0～ P0.7"接 8 只 LED 灯。当开关闭合(低电平)时,对应的 LED 灯亮,当开关断开(高电平)时,对应的 LED 灯灭。

# 5.4  项目三:双机通信

1. 设计功能描述

单片机 U1 通过串行通信方式控制单片机 U2 的 LED 灯轮流点亮。

2. 项目分析

此项目需要两片单片机芯片之间实现双机通信,即一个为发送方,一个为接收方。发送方通过串行输出引脚 TXD 将数据发送给接收方,接收方通过 RXD 引脚接收数据。

3. 硬件电路图

单片机之间双机通信的 Proteus 仿真电路如图 5.20 所示。

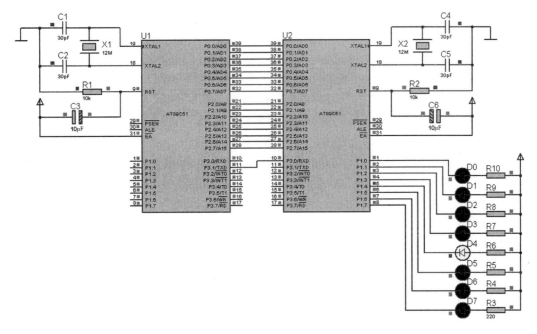

**图 5.20 串行口工作方式 1:双机通信**

4. 程序代码

```
//数据发送程序
#include< reg51.h>
#define uint unsigned int
#define uchar unsigned char
uchar code table[]={0xfe,0xfd,0xfb,0xf7,0xef,0xdf,0xbf,0x7f,0xff,
             0x7f,0xbf,0xdf,0xef,0xf7,0xfb,0xfd,0xfe,0xff};//LED 灯控制码
//发送一个字节数据子函数
void send(uchar dat)
{
    SBUF=dat;
    while(TI==0);
    TI=0;
}
//延时 xms 子函数
  void delayxms(uint x)
{
```

```
    uint i,j;
    for(i=x;i>0;i--)
    for(j=125;j>0;j--);
    }

    void main(void)
    {
        uchar i;
        TMOD=0x20;                  //TMOD=00100000B,定时器 T1 工作于方式 2
        SCON=0x40;                  //SCON=01000000B,串行口工作方式 1
        PCON=0x80;                  //PCON=10000000B,f_osc=12MHz,SMOD=1,波特率加倍
        TH1=0xf3;                   //根据规定给定时器 T1 赋初值
        TL1=0xf3;                   //根据规定给定时器 T1 赋初值
        TR1=1;                      //启动定时器 T1
        while(1)
        {
        for(i=0;i<18;i++)    //模拟检测数据
        {
        send(table[i]);      //发送数据 i
        delayxms(500);       //每 500 ms 发送一次检测数据
        }
        }
    }


    //数据接收程序
    #include<reg51.h>
    #define uint unsigned int
    #define uchar unsigned char
    //接收一个字节数据子函数
    uchar receive(void)
    {
        uchar dat;
        while(RI==0);               //只要接收中断标志位 RI 没有被置 1
                                    //等待,直至接收完毕(RI=1)
        RI=0;                       //为了接收下一帧数据,需将 RI 清 0
        dat=SBUF;                   //将接收 SBUF 中的数据存于 dat
        return dat;
    }


    void main(void)
    {
        TMOD=0x20;          //定时器 T1 工作于方式 2
        SCON=0x50;          //SCON=01010000B,串行口工作方式 1,允许接收(REN=1)
```

```
    PCON=0x80;          //PCON=10000000B,f_osc=12MHz,SMOD=1,波特率加倍
    TH1=0xf3;           //根据规定给定时器 T1 赋初值
    TL1=0xf3;           //根据规定给定时器 T1 赋初值
    TR1=1;              //启动定时器 T1
    REN=1;              //允许接收
    while(1)
    {
        P1=receive(); //将接收到的数据送 P1 口显示
    }
}
```

**5. 相关知识点**

实现两片单片机之间的双机通信,可以选择串行工作方式 1、2 或 3,本项目采用工作方式 1。工作方式 1 中,波特率通过定时器 T1 产生,$f_{osc}=12$ MHz,波特率为 4800 b/s,波特率加倍。

如图 5.20 所示,单片机 U1 的 TXD 引脚与单片机 U2 的 RXD 引脚相连,即 U1 发送,U2 接收。U1 通过串行发送引脚 TXD 将 LED 灯的状态发送给 U2,U2 通过串行接收引脚 RXD 接收到数据后,将数据送给 LED 灯显示。

需注意,双机通信时,通信双方必须选择相同的工作方式和波特率。

另外,程序共有两个,一个为发送程序,一个为接收程序,发送程序生成的.HEX 文件加载到单片机 U1 中,接收程序生成的.HEX 文件加载到单片机 U2 中。

# 习题五

1. 什么是异步串行通信?它有什么特点?有哪几种帧格式?
2. 什么是串行通信的波特率?
3. 串行通信有哪几种制式?各有什么特点?
4. 8051 单片机与串行口相关的特殊功能寄存器有哪些?简述它们各个位的含义。
5. 8051 单片机串行通信有几种工作方式?各有什么特点?
6. 简述单片机串行口在 4 种工作方式下产生波特率的方法。
7. 假设异步通信接口按方式 1 传送,每分钟传送 6000 个字符,则其波特率是多少?
8. 为什么定时器 T1 用作串行口波特率发生器时,常采用工作方式 2?
9. 若晶振频率为 12 MHz,串行口工作于方式 1,波特率为 4800 b/s,试计算 T1 作为波特率发生器的计数初值。
10. 试利用 8051 单片机的串行口控制 8 只发光二极管,编程实现发光二极管每隔 1 s 交替亮灭,要求画出电路原理图。

# 第6章　单片机常用外围扩展技术

【本章导读】　本章主要介绍单片机开发中常用的外围扩展技术,对可调式电子时钟、多点测温系统等七个项目进行项目分析、硬件电路设计和软件程序编写等,通过本章的学习,学生可掌握单片机开发中常用外围器件的应用。

## 6.1　项目一:可调式电子时钟

### 1. 设计功能描述

设计一个电子时钟,具有年、月、日、星期、时、分、秒计时及显示功能,同时有闰年补偿功能,可通过按键进行校时等操作。

### 2. 项目分析

核心器件可采用 AT89C52 单片机,与晶振电路、复位电路和电源电路组建为单片机最小系统。单片机最小系统与时钟电路、液晶显示电路和键盘接口电路共同构成电子时钟系统。利用该电子时钟不仅可以对年、月、日、星期、时、分、秒进行计时并显示,而且还可以进行相应设置和调整。系统结构框图如图 6.1 所示。

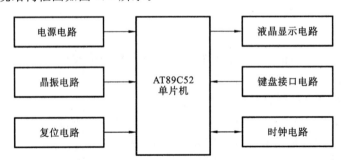

图 6.1　可调式电子时钟系统结构框图

该电子时钟用 AT89C52 的 P3 口的 P3.0、P3.1、P3.2 控制独立按键,P3 口的 P3.4、P3.5、P3.6 控制 DS1302 时钟电路,P2 口的 P2.5、P2.6、P2.7 控制 LCD1602 的功能端。用 P0 口连接 LCD1602 的数据口。

### 3. 硬件电路图

电子时钟硬件电路由单片机最小系统、时钟电路、液晶显示电路和键盘接口电路四部分组成。图 6.2 所示的为可调式电子时钟硬件电路图。

### 4. 程序代码

```
#include<reg51.h>
```

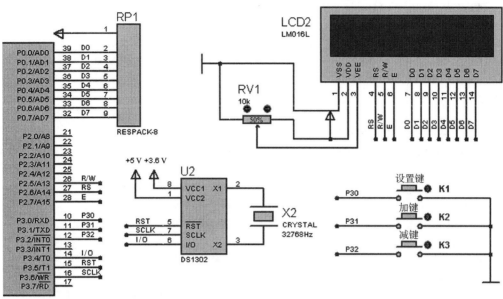

**图 6.2 可调式电子时钟硬件电路图**

```
#define uint unsigned int
#define uchar unsigned char
uchar a,miao,fen,shi,ri,yue,nian,week,key1n,temp,m;
//LCD 第一行的初始位置,因为 LCD1602 字符地址首位 D7 恒定为 1(100000000B=0x80)
#define yi 0x80
#define er 0x80+0x40  //LCD 第二行的初始位置(因为第二行第 1 个字符位置地址是 0x40)
//液晶屏与单片机之间的引脚连接定义(显示数据线接单片机 P0 口)
sbit rs=P2^6;                          //寄存器选择
sbit en=P2^7;                          //下降沿使能
sbit rw=P2^5;                          //读写信号线


//DS1302 时钟芯片与单片机之间的引脚连接定义
sbit IO=P3^4;                          //数据线
sbit SCLK=P3^6;
sbit RST=P3^5;
sbit ACC0=ACC^0;
sbit ACC7=ACC^7;


//按键与单片机的引脚连接定义
sbit key1=P3^0;                        //设置键
sbit key2=P3^1;                        //加键
sbit key3=P3^2;                        //减键
uchar code tab1[]={"20  -   -    "};   //年显示的固定字符
uchar code tab2[]={"   :   :   "};     //时间显示的固定字符


//xms 延时函数
```

```
void delay(uint x)
{
uint i,j;
for(i=x;i>0;i--)
  for(j=125;j>0;j--);
}


/*** LCD1602写指令函数*** /
void write_1602com(uchar com)
{
rs=0;                              //数据/指令选择置为指令
rw=0;                              //读写选择置为写
P0=com;                            //送入数据
delay(1);
en=1;                              //拉高使能端,为制造有效的下降沿做准备
delay(1);
en=0;                              //en由高变低,产生下降沿,液晶屏执行命令
}


/*** LCD1602写数据函数*** /
void write_1602dat(uchar dat)
{
rs=1;                              //数据/指令选择置为数据
rw=0;                              //读写选择置为写
P0=dat;                            //送入数据
delay(1);
en=1;                              //en置高电平,为制造下降沿做准备
delay(1);
en=0;                              //en由高变低,产生下降沿,液晶屏执行命令
}


/*** LCD1602初始化函数*** /
void lcd_init()
{
write_1602com(0x38);               //设置液晶屏工作模式,含义16*2行显示,5*7点
                                     阵,8位数据
write_1602com(0x0c);               //开显示,不显示光标
write_1602com(0x06);               //整屏不移动,光标自动右移
write_1602com(0x01);               //清显示
write_1602com(yi+1);               //日历显示固定符号,从第一行第一个位置之后开
                                     始显示

for(a=0;a<14;a++)
{
  write_1602dat(tab1[a]);          //向液晶屏写日历显示的固定符号部分
  delay(3);
```

```
    }
      write_1602com(er+ 2);                    //时间显示固定符号写入位置,从第二个位置后开
                                                  始显示

      for(a=0;a<8;a++)
      {
        write_1602dat(tab2[a]);                //写显示时间固定符号,两个冒号
        delay(3);
      }
    }

/*** 时钟 DS1302 写一个字节函数*** /
void write_byte(uchar dat)
{
ACC=dat;
RST=1;
for(a=8;a>0;a--)
{
  IO=ACC0;
  SCLK=0;                                      //产生上升沿,写入数据,从低位写入
  SCLK=1;
  ACC=ACC>>1;
 }
}

/*** 时钟 DS1302 读一个字节函数*** /
uchar read_byte()
{
RST=1;
for(a=8;a>0;a--)
{
  ACC7=IO;
  SCLK=1;                        //产生下降沿,输出数据,先输出低位,保存到 ACC 中
  SCLK=0;
  ACC=ACC>>1;
}
return (ACC);
}

/*** 向时钟 DS1302 写函数,指定写入地址和数据*** /
void write_1302(uchar add,uchar dat)
{
RST=0;
SCLK=0;
RST=1;
write_byte(add);
```

```
write_byte(dat);
SCLK=1;
RST=0;
}


/*** 从时钟 DS1302 读函数,指定读取数据来源地址 *** /
uchar read_1302(uchar add)
{
uchar temp;
RST=0;
SCLK=0;
RST=1;
write_byte(add);
temp=read_byte();
SCLK=1;
RST=0;
return(temp);
}


/*** BCD 码转十进制函数,输入 BCD 码,返回十进制数 *** /
uchar BCD_Decimal(uchar bcd)//
{
uchar Decimal;
Decimal=bcd>>4;
return(Decimal=Decimal*10+(bcd&=0x0f));
}


/*** DS1302 芯片初始化子函数 (2020-03-07,23:59:50,week6) *** /
void ds1302_init() //
{
RST=0;
SCLK=0;
write_1302(0x8e,0x00);          //允许写,禁止写保护
write_1302(0x80,0x50);          //向 DS1302 内写秒寄存器 80H 写入初始秒数据 50
write_1302(0x82,0x59);          //向 DS1302 内写分寄存器 82H 写入初始分数据 59
write_1302(0x84,0x23);          //向 DS1302 内写时寄存器 84H 写入初始时数据 23
write_1302(0x8a,0x06);          //向 DS1302 内写星期寄存器 8aH 写入初始星期数据 6
write_1302(0x86,0x07);          //向 DS1302 内写日寄存器 86H 写入初始日数据 07
write_1302(0x88,0x03);          //向 DS1302 内写月寄存器 88H 写入初始月数据 03
write_1302(0x8c,0x20);          //向 DS1302 内写年寄存器 8cH 写入初始年数据 20
write_1302(0x8e,0x80);          //打开写保护
}


/*** 时分秒显示子函数 *** /
//向 LCD 写时分秒,有显示位置加数、显示数据两个参数
```

```
void write_sfm(uchar add,uchar dat)
{
uchar gw,sw;
gw=dat%10;                        //取得个位数字
sw=dat/10;                        //取得十位数字
write_1602com(er+add);           //er是头文件规定的值0x80+0x40
write_1602dat(0x30+sw);          //数字+30得到该数字的LCD1602显示码
write_1602dat(0x30+gw);          //数字+30得到该数字的LCD1602显示码
}


/***年月日显示子函数***/
//向LCD写年月日,有显示位置加数、显示数据两个参数
void write_nyr(uchar add,uchar dat)
{
uchar gw,sw;
gw=dat%10;                        //取得个位数字
sw=dat/10;                        //取得十位数字
write_1602com(yi+add);           //设定显示位置为第一个位置+ add
write_1602dat(0x30+sw);          //数字+30得到该数字的LCD1602显示码
write_1602dat(0x30+gw);          //数字+30得到该数字的LCD1602显示码
}


/***向LCD写星期函数***/
void write_week(uchar week)
{
write_1602com(yi+0x0c);          //星期字符的显示位置
switch(week)
{
  case 1:write_1602dat('M');     //星期数据为1时显示
         write_1602dat('O');
         write_1602dat('N');
         break;
  case 2:write_1602dat('T');     //星期数据为2时显示
         write_1602dat('U');
         write_1602dat('E');
         break;
  case 3:write_1602dat('W');     //星期数据为3时显示
         write_1602dat('E');
         write_1602dat('D');
         break;
  case 4:write_1602dat('T');     //星期数据为4是显示
         write_1602dat('H');
         write_1602dat('U');
         break;
  case 5:write_1602dat('F');     //星期数据为5时显示
```

```c
        write_1602dat('R');
        write_1602dat('I');
        break;
    case 6:write_1602dat('S');      //星期数据为 6 时显示
        write_1602dat('A');
        write_1602dat('T');
        break;
    case 7:write_1602dat('S');      //星期数据为 7 时显示
        write_1602dat('U');
        write_1602dat('N');
        break;
    }
}

/*** 键盘扫描函数*** /
void keyscan()
{
if(key1==0)                         //----功能键 key1(设置键)----
{
  delay(10);                        //延时,用于消抖
  if(key1==0)                       //延时后再次确认按键按下
  {
    while(!key1);
    key1n++;
    if(key1n==9)
    key1n=1;                        //设置按键秒、分、时、星期、日、月、年、返回,8 个功能循环
    switch(key1n)
    {
     case 1: TR0=0;                 //关闭定时器
             write_1602com(er+0x09);        //设置按键按动 1 次,miao 位置显示光标
             write_1602com(0x0f);           //设置光标为闪烁
             temp=(miao)/10*16+(miao)%10;   //秒数据写入 DS1302
             write_1302(0x8e,0x00);
             write_1302(0x80,0x80|temp);//miao
             write_1302(0x8e,0x80);
             break;
      case 2: write_1602com(er+6);          //按动 2 次,fen 位置显示光标
              write_1602com(0x0f);
              break;
      case 3: write_1602com(er+3);          //按动 3 次,shi 位置显示光标
              write_1602com(0x0f);
              break;
      case 4: write_1602com(yi+0x0e);       //按动 4 次,week 位置显示光标
              write_1602com(0x0f);
              break;
```

```
    case 5: write_1602com(yi+0x0a);              //按动 5 次,ri 位置显示光标
            write_1602com(0x0f);
            break;
    case 6: write_1602com(yi+0x07);              //按动 6 次,yue 位置显示光标
            write_1602com(0x0f);
            break;
    case 7: write_1602com(yi+0x04);              //按动 7 次,nian 位置显示光标
            write_1602com(0x0f);
            break;
    case 8: write_1602com(0x0c);                 //按动 8 次,设置光标不闪烁
            TR0=1;                               //打开定时器
            temp=(miao)/10*16+(miao)%10;
            write_1302(0x8e,0x00);
            write_1302(0x80,0x00|temp);          //秒数据写入 DS1302
            write_1302(0x8e,0x80);
            break;
    }
  }
}
  if(key1n!=0)                                   //当 key1 按下,再按以下键才有效(按键
                                                 //  次数不等于零)
  {
   if(key2==0)                                   //----加键 key2(上调键)----
   {
    delay(10);
    if(key2==0)
    {
      while(! key2);
      switch(key1n)
      {
      case 1:miao++;                             //设置键按动 1 次,调秒
        if(miao==60)
        miao=0;                                  //秒超过 59,再加 1,就归零
        write_sfm(0x08,miao);                    //令 LCD 在正确位置显示"加"设定好的秒
                                                 //  数据
        temp=(miao)/10*16+(miao)%10;             //十进制转换成 DS1302 要求的 BCD 码
        write_1302(0x8e,0x00);                   //允许写,禁止写保护
//向 DS1302 内写秒寄存器 80H 写入调整后的秒数据 BCD 码
write_1302(0x80,temp);
write_1302(0x8e,0x80);                           //打开写保护
//因为设置液晶屏的模式是写入数据后,指针自动加一,所以在这里是写回原来的位置
write_1602com(er+0x09);
            write_1602com(0x0b);
            break;
      case 2:fen++;
```

```
                    if(fen==60)
                    fen=0;
                    write_sfm(0x05,fen);              //令LCD在正确位置显示"加"设定好的分
                                                      //数据
                    temp=(fen)/10*16+(fen)%10;        //十进制转换成DS1302要求的BCD码
                    write_1302(0x8e,0x00);            //允许写,禁止写保护

//向DS1302内写分寄存器82H写入调整后的分数据BCD码
write_1302(0x82,temp);
write_1302(0x8e,0x80);                               //打开写保护
//因为设置液晶屏的模式是写入数据后,指针自动加一,所以在这里是写回原来的位置
write_1602com(er+6);
                    break;
            case 3:shi++;
                    if(shi==24)
                    shi=0;
                    write_sfm(2,shi);                 //令LCD在正确位置显示"加"设定好的时
                                                      //数据
                    temp=(shi)/10*16+(shi)%10;        //十进制转换成DS1302要求的BCD码
                    write_1302(0x8e,0x00);            //允许写,禁止写保护

//向DS1302内写时寄存器84H写入调整后的时数据BCD码
write_1302(0x84,temp);
write_1302(0x8e,0x80);                               //打开写保护

//因为设置液晶屏的模式是写入数据后,指针自动加一,所以需要光标回位
write_1602com(er+3);
                    break;
            case 4:week++;
                    if(week==8)
                    week=1;
                    write_1602com(yi+0x0c);           //指定"加"后的星期数据显示位置
                    write_week(week);                 //指定星期数据显示内容
                temp=(week)/10*16+(week)%10;          //十进制转换成DS1302要求的BCD码
                    write_1302(0x8e,0x00);            //允许写,禁止写保护

//向DS1302内写星期寄存器8aH写入调整后的星期数据BCD码
write_1302(0x8a,temp);
write_1302(0x8e,0x80);                               //打开写保护

//因为设置液晶屏的模式是写入数据后,指针自动加一,所以需要光标回位
write_1602com(yi+0x0e);
                    break;
            case 5:ri++;
                    if((ri==30)&&(yue==2)&&(nian%4==0)) ri=1;
```

```
        if((ri==29)&&(yue==2)&&(nian%4!=0)) ri=1;
        if((ri==31)&&((yue==4)||(yue==6)||(yue==9)||(yue==11))) ri=1;
        if((ri==32)&&((yue==1)||(yue==3)||(yue==5)||(yue==7)||(yue==8)||(yue==10)||(yue==12))) ri=1;
        write_nyr(9,ri);                        //令 LCD 在正确位置显示"加"设定好的日
                                                //数据
        temp=(ri)/10*16+(ri)%10;                //十进制转换成 DS1302 要求的 BCD 码
        write_1302(0x8e,0x00);                  //允许写,禁止写保护

//向 DS1302 内写日寄存器 86H 写入调整后的日数据 BCD 码
write_1302(0x86,temp);
write_1302(0x8e,0x80);                          //打开写保护

//因为设置液晶屏的模式是写入数据后,指针自动加一,所以需要光标回位
write_1602com(yi+10);
            break;
    case 6:yue++;
            if(yue==13)
            yue=1;
        write_nyr(6,yue);                       //令 LCD 在正确位置显示"加"设定好的月
                                                //数据
        temp=(yue)/10*16+(yue)%10;              //十进制转换成 DS1302 要求的 BCD 码
        write_1302(0x8e,0x00);                  //允许写,禁止写保护

//向 DS1302 内写月寄存器 88H 写入调整后的月数据 BCD 码
write_1302(0x88,temp);
write_1302(0x8e,0x80);                          //打开写保护

//因为设置液晶屏的模式是写入数据后,指针自动加一,所以需要光标回位
write_1602com(yi+7);
            break;
    case 7:nian++;
            if(nian==100)
            nian=0;
        write_nyr(3,nian);                      //令 LCD 在正确位置显示"加"设定好的年
                                                //数据
        temp=(nian)/10*16+(nian)%10;            //十进制转换成 DS1302 要求的 BCD 码
        write_1302(0x8e,0x00);                  //允许写,禁止写保护

//向 DS1302 内写年寄存器 8cH 写入调整后的年数据 BCD 码
write_1302(0x8c,temp);
write_1302(0x8e,0x80);                          //打开写保护

//因为设置液晶屏的模式是写入数据后,指针自动加一,所以需要光标回位
write_1602com(yi+4);
```

```
                        break;
               }
           }
       }

       if(key3==0)                              //----减键 key3,各句功能参照"加键"
                                                  注释----
       {
         delay(10);                             //调延时,消抖
         if(key3==0)
         {
           while(! key3);
           switch(key1n)
           {
           case 1:miao--;
                   if(miao==-1)
                   miao=59;                      //秒数据减到-1时自动变成 59
                   write_sfm(0x08,miao);         //令 LCD 在正确位置显示改变后的新的秒
                                                   数据
                   temp=(miao)/10*16+(miao)%10;  //十进制转换成 DS1302 要求的 BCD 码
                   write_1302(0x8e,0x00);        //允许写,禁止写保护
```

//向 DS1302 内写秒寄存器 80H 写入调整后的秒数据 BCD 码
write_1302(0x80,temp);
write_1302(0x8e,0x80);                          //打开写保护

//因为设置液晶屏的模式是写入数据后,指针自动加一,所以在这里是写回原来的位置
write_1602com(er+0x09);

```
                   write_1602com(0x0b);
                   break;
              case 2:fen--;
                      if(fen==-1)
                      fen=59;
                      write_sfm(5,fen);
                      temp=(fen)/10*16+(fen)%10;  //十进制转换成 DS1302 要求的 BCD 码
                      write_1302(0x8e,0x00);      //允许写,禁止写保护
```

//向 DS1302 内写分寄存器 82H 写入调整后的分数据 BCD 码
write_1302(0x82,temp);
write_1302(0x8e,0x80);                          //打开写保护

//因为设置液晶屏的模式是写入数据后,指针自动加一,所以在这里是写回原来的位置
write_1602com(er+6);

```
                   break;
              case 3:shi--;
```

```
              if(shi==-1)
              shi=23;
              write_sfm(2,shi);
              temp=(shi)/10*16+(shi)%10;        //十进制转换成DS1302要求的BCD码
              write_1302(0x8e,0x00);             //允许写,禁止写保护
```

//向DS1302内写时寄存器84H写入调整后的时数据BCD码

```
write_1302(0x84,temp);
write_1302(0x8e,0x80);                          //打开写保护
```

//因为设置液晶屏的模式是写入数据后,指针自动加一,所以需要光标回位

```
write_1602com(er+3);
              break;
       case 4:week--;
              if(week==0)
              week=7;
              write_1602com(yi+0x0c);           //指定"加"后的星期数据显示位置
              write_week(week);                 //指定星期数据显示内容
         temp=(week)/10*16+(week)%10;           //十进制转换成DS1302要求的BCD码
         write_1302(0x8e,0x00);                 //允许写,禁止写保护
```

//向DS1302内写星期寄存器8aH写入调整后的星期数据BCD码

```
write_1302(0x8a,temp);
write_1302(0x8e,0x80);                          //打开写保护
```

//因为设置液晶屏的模式是写入数据后,指针自动加一,所以需要光标回位

```
write_1602com(yi+0x0e);
              break;
       case 5:ri--;
       if((ri==0)&&(yue==2)&&(nian%4==0)) ri=29;
       if((ri==0)&&(yue==2)&&(nian%4!=0)) ri=28;
       if((ri==0)&&((yue==4)||(yue==6)||(yue==9)||(yue==11))) ri=30;
       if((ri==0)&&((yue==1)||(yue==3)||(yue==5)||(yue==7)||(yue==8)||(yue==
10)||(yue==12))) ri=31;
       write_nyr(9,ri);
       temp=(ri)/10*16+(ri)%10;                 //十进制转换成DS1302要求的BCD码
       write_1302(0x8e,0x00);                   //允许写,禁止写保护
```

//向DS1302内写日寄存器86H写入调整后的日数据BCD码

```
write_1302(0x86,temp);
write_1302(0x8e,0x80);                          //打开写保护
```

//因为设置液晶屏的模式是写入数据后,指针自动加一,所以需要光标回位

```
write_1602com(yi+10);
               break;
```

```
        case 6:yue--;
                if(yue==0)
                yue=12;
                write_nyr(6,yue);
                temp=(yue)/10*16+(yue)%10;          //十进制转换成 DS1302 要求的 BCD 码
                write_1302(0x8e,0x00);               //允许写,禁止写保护

//向 DS1302 内写月寄存器 88H 写入调整后的月数据 BCD 码
write_1302(0x88,temp);
write_1302(0x8e,0x80);                              //打开写保护

//因为设置液晶屏的模式是写入数据后,指针自动加一,所以需要光标回位
write_1602com(yi+7);
                break;
        case 7:nian--;
                if(nian==-1)
                nian=99;
            write_nyr(3,nian);
                temp=(nian)/10*16+(nian)%10;         //十进制转换成 DS1302 要求的 BCD 码
                write_1302(0x8e,0x00);               //允许写,禁止写保护

//向 DS1302 内写年寄存器 8cH 写入调整后的年数据 BCD 码
write_1302(0x8c,temp);
write_1302(0x8e,0x80);              //打开写保护

//因为设置液晶屏的模式是写入数据后,指针自动加一,所以需要光标回位
write_1602com(yi+4);
                break;
        }
    }
    }
    }
}


/*** 定时器/计数器初始化函数*** /
void timer0_init()
{
TMOD=0x01;                          //指定定时器/计数器的工作方式为方式 1
TH0=0;                              //定时器 T0 的高四位设置为 0
TL0=0;                              //定时器 T0 的低四位设置为 0
EA=1;                               //开放总中断
ET0=1;                              //允许 T0 中断
TR0=1;                              //启动定时器
}
```

```
/*** 主函数 *** /
void main()
{
lcd_init();                         //调用液晶屏的初始化子函数
ds1302_init();                      //调用 DS1302 时钟的初始化子函数
timer0_init();                      //调用定时器/计数器的初始化子函数
while(1)
{
  keyscan();                        //调用键盘扫描子函数
 }
}


/*** 取得并显示日历和时间 *** /
void timer0() interrupt 1
{
miao=BCD_Decimal(read_1302(0x81));
fen=BCD_Decimal(read_1302(0x83));
shi=BCD_Decimal(read_1302(0x85));
ri=BCD_Decimal(read_1302(0x87));
yue=BCD_Decimal(read_1302(0x89));
nian=BCD_Decimal(read_1302(0x8d));
week=BCD_Decimal(read_1302(0x8b));
write_sfm(8,miao);         //秒,从第二行第 8 个字符后开始显示(调用时分秒显示子函数)
write_sfm(5,fen);          //分,从第二行第 5 个字符后开始显示
write_sfm(2,shi);          //时,从第二行第 2 个字符后开始显示

//显示日、月、年数据
write_nyr(9,ri);           //日,从第二行第 9 个字符后开始显示
write_nyr(6,yue);          //月,从第二行第 6 个字符后开始显示
write_nyr(3,nian);         //年,从第二行第 3 个字符后开始显示
write_week(week);
}
```

5. 相关知识点

1) LCD1602 介绍

(1) LCD1602 的基本参数及引脚功能。

字符型液晶显示模块是一种专门用于显示字母、数字、符号等的点阵式 LCD,目前常用的有 16×1,16×2,20×2 和 40×2 等模块。该可调式电子时钟选用 LCD1602 液晶模块,其主要技术参数如下。

显示容量为 16×2 个字符;芯片工作电压为 4.5～5.5 V;芯片工作电流为 2.0 mA(5.0 V);模块最佳工作电压为 5.0 V;字符尺寸为 2.95×4.35(W×H)mm。

LCD1602 采用标准的 14 脚(无背光)或 16 脚(带背光)接口。各引脚说明如下。

第 1 脚:VSS 为地电源。

第 2 脚:VDD 接 5V 正电源。

第3脚:VEE 为液晶显示器对比度调整端,接正电源时对比度最低,接地时对比度最高,对比度过高时会产生"鬼影",使用时可以通过一个 10 kΩ 的电位器调整对比度。

第4脚:RS 为寄存器选择,高电平时选择数据寄存器,低电平时选择指令寄存器。

第5脚:R/W 为读写信号线,高电平时进行读操作,低电平时进行写操作。当 RS 和 R/W 共同为低电平时可以写入指令或者显示地址,当 RS 为低电平 R/W 为高电平时可以读忙信号,当 RS 为高电平 R/W 为低电平时可以写入数据。

第6脚:E 端为使能端,当 E 端由高电平跳变成低电平时,液晶模块执行命令。

第7~14脚:D0~D7 为 8 位双向数据线。

第15脚:背光源正极。

第16脚:背光源负极。

(2) LCD1602 的指令说明及时序。

LCD1602 液晶模块内部的控制器共有 11 条控制指令,如表 6.1 所示。

表 6.1  控制指令表

| 序号 | 指令 | RS | R/W | D7 | D6 | D5 | D4 | D3 | D2 | D1 | D0 |
|---|---|---|---|---|---|---|---|---|---|---|---|
| 1 | 清显示 | 0 | 0 | 0 | 0 | 0 | 0 | 0 | 0 | 0 | 1 |
| 2 | 光标复位 | 0 | 0 | 0 | 0 | 0 | 0 | 0 | 0 | 1 | — |
| 3 | 置输入模式 | 0 | 0 | 0 | 0 | 0 | 0 | 0 | 1 | I/D | S |
| 4 | 显示开/关控制 | 0 | 0 | 0 | 0 | 0 | 0 | 1 | D | C | B |
| 5 | 光标或字符移位 | 0 | 0 | 0 | 0 | 0 | 1 | S/C | R/L | — | — |
| 6 | 置功能 | 0 | 0 | 0 | 0 | 1 | DL | N | F | — | — |
| 7 | 置字符发生存储器地址 | 0 | 0 | 0 | 1 | 字符发生存储器地址 | | | | | |
| 8 | 置数据存储器地址 | 0 | 0 | 1 | 数据存储器地址 | | | | | | |
| 9 | 读忙标志或地址 | 0 | 1 | BF | 计数器地址 | | | | | | |
| 10 | 写数据到 CGRAM 或 DDRAM | 1 | 0 | 要写的数据内容 | | | | | | | |
| 11 | 从 CGRAM 或 DDRAM 读数据 | 1 | 1 | 读出的数据内容 | | | | | | | |

LCD1602 液晶模块的读写操作、屏幕和光标的操作都是通过指令编程来实现的(说明:1 为高电平,0 为低电平)。

指令1:清显示。指令码 01H,光标复位到地址 00H 位置。

指令2:光标复位。光标返回到地址 00H。

指令3:置输入模式。I/D:光标移动方向,高电平右移,低电平左移。S:屏幕上所有文字是否左移或者右移,高电平表示有效,低电平表示无效。

指令4:显示开/关控制。D:控制整体显示的开与关,高电平表示开显示,低电平表示关显示。C:控制光标的开与关,高电平表示有光标,低电平表示无光标。B:控制光标是否闪烁,高电平闪烁,低电平不闪烁。

指令5:光标或字符移位。S/C:高电平时移动显示的文字,低电平时移动光标。

指令6:置功能。DL:高电平时为 4 位总线,低电平时为 8 位总线。N:低电平时为单行显示,高电平时为双行显示。F:低电平时显示 5×7 的点阵字符,高电平时显示 5×10 的点阵字符。

指令 7:置字符发生存储器地址。

指令 8:置数据存储器地址。

指令 9:读忙标志或地址。BF:忙标志位,高电平表示忙,此时模块不能接收命令或者数据,低电平表示不忙。

指令 10:写数据到 CGRAM 或 DDRAM。

指令 11:从 CGRAM 或 DDRAM 读数据。

LCD1602 基本操作时序表如表 6.2 所示。

表 6.2 基本操作时序表

| 读状态 | 输入 | RS=L,R/W=H,E=H | 输出 | D0~D7=状态字 |
|---|---|---|---|---|
| 写指令 | 输入 | RS=L,R/W=L,D0~D7=指令码,E=高脉冲 | 输出 | 无 |
| 读数据 | 输入 | RS=H,R/W=H,E=H | 输出 | D0~D7=数据 |
| 写数据 | 输入 | RS=H,R/W=L,D0~D7=数据,E=高脉冲 | 输出 | 无 |

读写操作时序如图 6.3 和图 6.4 所示。

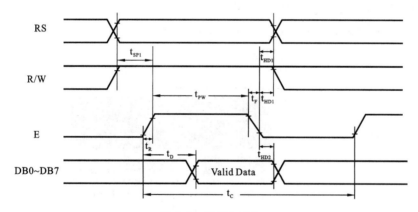

图 6.3 读操作时序

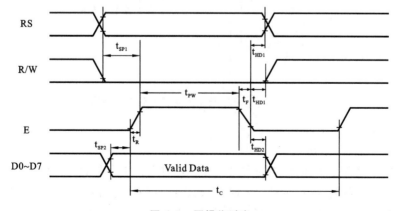

图 6.4 写操作时序

（3）LCD1602 的 RAM 地址映射及标准字库表。

显示字符前要先输入显示字符地址，也就是告诉模块在哪里显示字符，图 6.5 是 LCD1602 的内部显示地址。

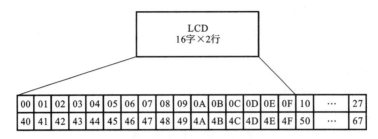

| 00 | 01 | 02 | 03 | 04 | 05 | 06 | 07 | 08 | 09 | 0A | 0B | 0C | 0D | 0E | 0F | 10 | … | 27 |
| 40 | 41 | 42 | 43 | 44 | 45 | 46 | 47 | 48 | 49 | 4A | 4B | 4C | 4D | 4E | 4F | 50 | … | 67 |

图 6.5　LCD1602 内部显示地址

在对液晶模块进行初始化的过程中要先设置其显示模式，在液晶模块显示字符时光标是自动右移的，无需人工干预。每次输入指令前都要判断液晶模块是否处于忙状态。

LCD1602 液晶模块内部的字符发生存储器（CGROM）已经存储了 160 个不同的点阵字符图形，这些字符有阿拉伯数字、大小写英文字母、常用符号、日文假名等，每一个字符都有一个固定的代码，比如大写的英文字母"A"的代码是 01000001B（41H），显示时模块把地址 41H 中的点阵字符图形显示出来，我们就能看到字母"A"。

LCD1602 与主控制器的硬件连接图如图 6.6 所示。

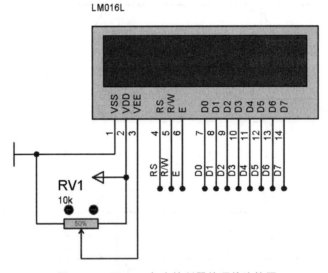

图 6.6　LCD1602 与主控制器的硬件连接图

2）DS1302 介绍

（1）DS1302 功能及引脚说明。

DS1302 是一种高性能、低功耗的实时时钟芯片，拥有 31 字节静态存储 RAM，采用 SPI 三线接口与 CPU 进行通信，可提供秒、分、时、星期、日、月和年等信息，并且具有闰年补偿功能。

DS1302 工作电压为 2.5～5.5 V。采用双电源供电（主电源和备用电源），可设置备用电源充电方式，提供了对后备电源进行涓细电流充电的能力。

DS1302 各引脚说明如下。

第 1 脚、第 8 脚：VCC2 为主电源引脚，VCC1 为备用电源引脚，在主电源失效时保持时间和日期数据。

第 2、3 脚：晶振连接引脚，外接 32.768 kHz 的晶振，给 DS1302 提供基准。

第 4 脚：电源地引脚。

第 5 脚：复位/片选引脚，高电平启动数据传送（现在多用 CE 作为引脚标识）。

第 6 脚：I/O 数据输入/输出引脚。

第 7 脚：串行时钟引脚，用来同步串行接口上的数据动作。

（2）DS1302 的命令字和时序说明。

图 6.7 所示的为 DS1302 的命令字格式，命令字用于启动每一次数据传输。位 7 必须是逻辑 1，如果为 0，则禁止对 DS1302 写入。位 6 在逻辑 0 时规定为时钟/日历数据，在逻辑 1 时为 RAM 数据。位 1 至位 5 表示输入/输出的指定寄存器。位 0 在逻辑 0 时为写操作（输出），在逻辑 1 时为读操作（输入）。

| 7 | 6 | 5 | 4 | 3 | 2 | 1 | 0 |
|---|---|---|---|---|---|---|---|
| 1 | RAM / $\overline{CK}$ | A4 | A3 | A2 | A1 | A0 | RD / $\overline{WR}$ |

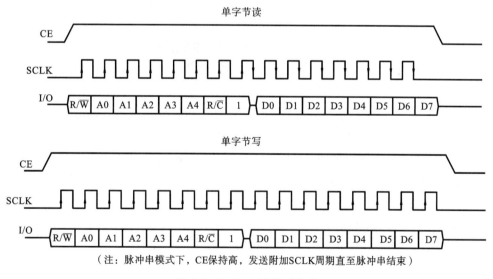

**图 6.7　DS1302 命令字格式**

DS1302 的读写操作时序如图 6.8 所示。

（注：脉冲串模式下，CE保持高，发送附加SCLK周期直至脉冲串结束）

**图 6.8　DS1302 读写时序图**

DS1302 是通过 SPI 串行总线与单片机通信的，当进行一次读写操作时最少得读写两个字节，第一个字节是控制字节，就是一个命令，告诉 DS1302 是进行读还是写操作，是对 RAM 还是对 CLOCK 寄存器操作，第二个字节就是要读或写的数据了。

进行读或写操作时，只有在 SCLK 为低电平时，才能将 CE 置为高电平。所以在进行操作之前应先将 SCLK 置低电平，然后将 CE 置为高电平，接着在 I/O 数据线上放入要传送的电平信号，然后跳变 SCLK。数据在 SCLK 上升沿时，DS1302 读取数据；在 SCLK 下降沿时，

DS1302 放置数据到 I/O 上。

（3）DS1302 有关日历、时间的寄存器。

图 6.9 所示的为 DS1302 有关日历、时间的寄存器，用于存放时间信息。

| READ | WRITE | BIT7 | BIT6 | BIT5 | BIT4 | BIT3 | BIT2 | BIT1 | BIT0 | RANGE |
|------|-------|------|------|------|------|------|------|------|------|-------|
| 81H | 80H | CH | | 10 Second | | | Second | | | 00~59 |
| 83H | 82H | | | 10 Minute | | | Minute | | | 00~59 |
| 85H | 84H | 12/$\overline{24}$ | 0 | $\dfrac{10}{\overline{AM/PM}}$ | Hour | | Hour | | | 1~12/0~23 |
| 87H | 86H | 0 | 0 | 10 Date | | | Date | | | 1~31 |
| 89H | 88H | 0 | 0 | 0 | 10 Month | | Month | | | 1~12 |
| 8BH | 8AH | 0 | 0 | 0 | 0 | 0 | Day | | | 1~7 |
| 8DH | 8CH | | | 10 Year | | | Year | | | 00~99 |
| 8FH | 8EH | WP | 0 | 0 | 0 | 0 | 0 | 0 | 0 | — |

**图 6.9** DS1302 有关日历、时间的寄存器

控制寄存器（8FH、8EH）的位 7 是写保护位，在进行任何对时钟和 RAM 的写操作前，必须置 WP 位为 0。

# 6.2 项目二：多点测温系统

**1. 设计功能描述**

采用三个单总线温度传感器 DS18B20 设计一个多点测温系统，以实现多点温度的测量和显示。

**2. 项目分析**

核心器件可采用 AT89C52 单片机，与晶振电路、复位电路和电源电路组建为单片机最小系统。单片机最小系统与数码管显示器、DS18B20 共同构成温控系统。

设计中一个 I/O 引脚接入一个 DS18B20，通过读取 DS18B20 的 ROM 中的序列号，匹配不同的 DS18B20，实现三个 DS18B20 顺序读取，并通过 8 位一体 LED 数码管显示。

**3. 硬件电路图**

硬件电路图如图 6.10 所示。

**4. 程序代码**

```
#include<reg51.h>

sbit  DQ=P1^2;
sbit  DQ1=P1^1;
sbit  DQ2=P1^0;
sbit  DQ3=P1^3;
#define uchar unsigned char
#define uint unsigned int
uchar temp_value,temp_value1,temp_value2;
```

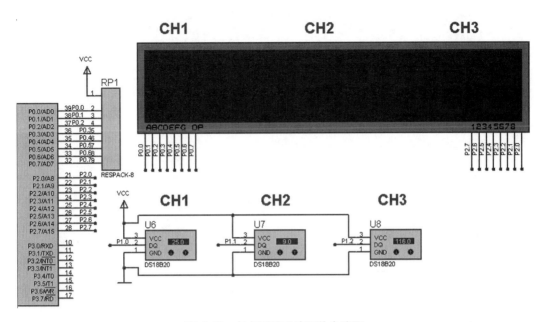

图 6.10　多点测温系统硬件电路图

```c
uchar code
table[]={0x3f,0x06,0x5b,0x4f,0x66,0x6d,0x7d,0x07,0x7f,0x6f,0x40};
//延时函数
void delay_18B20(uint i)
{
while(i--);
}
//CH1 通道的 DS18B20 初始化函数
void Init_DS18B20(void)
{
  uchar x=0;
  DQ=1;                    //DQ 复位
  delay_18B20(8);          //稍做延时
  DQ=0;                    //单片机将 DQ 拉低
  delay_18B20(60);         //精确延时大于 480 微秒
  DQ=1;                    //拉高总线
  delay_18B20(14);
  x=DQ;                    //稍做延时后,如果 x=0 则初始化成功,x=1 则初始化失败
  delay_18B20(20);
}
//读 CH1 通道的 DS18B20 函数
uchar ReadOneChar(void)
{
uchar i=0;
uchar dat=0;
for (i=8;i>0;i--)
  {
```

```
    DQ=0;                          //给脉冲信号
    dat>>=1;
    DQ=1;                          //给脉冲信号
    if(DQ)
    dat|=0x80;
    delay_18B20(4);
  }
  return(dat);
}
//写 CH1 通道的 DS18B20 函数
void WriteOneChar(uchar dat)
{
  uchar i=0;

  for (i=8; i>0; i--)
  {
    DQ=0;
  DQ=dat&0x01;
    delay_18B20(5);
  DQ=1;
    dat>>=1;
  }
}
```

说明:有关 CH2、CH3 通道的 DS18B20 初始化函数、读函数和写函数与 CH1 通道的类似,只需把上述相应程序中的数据引脚 DQ 修改为 DQ1 或 DQ2 即可,不再赘述。

CH2 通道有关函数定义如下:

```
    void Init_DS18B201(void);         //初始化函数
    uchar ReadOneChar1(void);         //读函数
    void WriteOneChar1(uchar dat);    //写函数
```

CH3 通道有关函数定义如下:

```
    void Init_DS18B202(void);         //初始化函数
    uchar ReadOneChar2(void);         //读函数
    void WriteOneChar2(uchar dat);    //写函数

    //获取 CH1 通道温度值函数
    void ReadTemp(void)
    {
    uchar a=0;
    uchar b=0;
    uchar t=0;
    float tt=0;
    Init_DS18B20();
    WriteOneChar(0xcc);               //跳过读序号列号的操作
```

```
WriteOneChar(0x44);                    //启动温度转换

delay_18B20(100);                      //延时
Init_DS18B20();
WriteOneChar(0xcc);                    //跳过读序号列号的操作
WriteOneChar(0xbe);                    //读暂存存储器(共可读 9 个寄存器,前两个存储器内
                                         容为温度值)

delay_18B20(100);
a=ReadOneChar();                       //读取温度值低位
b=ReadOneChar();                       //读取温度值高位
temp_value=b<<4;
temp_value+=(a&0xf0)>>4;


}

//获取 CH2 通道温度值函数
void ReadTemp1(void)
{
uchar c=0;
uchar d=0;
uchar t=0;
Init_DS18B201();
WriteOneChar1(0xcc);                   //跳过读序号列号的操作
WriteOneChar1(0x44);                   //启动温度转换

delay_18B20(100);
Init_DS18B201();
WriteOneChar1(0xcc);                   //跳过读序号列号的操作
WriteOneChar1(0xbe);                   //读暂存存储器(共可读 9 个寄存器,前两个存储器内
                                         容为温度值)

delay_18B20(100);
c=ReadOneChar1();                      //读取温度值低位
d=ReadOneChar1();                      //读取温度值高位
temp_value1=d<<4;
temp_value1+=(c&0xf0)>>4;
}

//获取 CH3 通道温度值函数
void ReadTemp2(void)
{
uchar e=0;
uchar f=0;
uchar t=0;
Init_DS18B202();
```

```
WriteOneChar2(0xcc);                //跳过读序号列号的操作
WriteOneChar2(0x44);                //启动温度转换

delay_18B20(100);
Init_DS18B202();
WriteOneChar2(0xcc);                //跳过读序号列号的操作
WriteOneChar2(0xbe);                //读暂存存储器(共可读 9 个寄存器,前两个存储器内
                                    //  容为温度值)

delay_18B20(100);
e=ReadOneChar2();                   //读取温度值低位
f=ReadOneChar2();                   //读取温度值高位
temp_value2=f<<4;
temp_value2+=(e&0xf0)>>4;
}

//显示延时函数
void delay(unsigned int z)
{
    unsigned int x;
    unsigned char y;
    for(x=z;x>0;x--)
        for(y=200;y>0;y--);
}

//数码管显示函数
void display (uchar num0,uchar num1,uchar num2,uchar num3,uchar num4,uchar num5)
{ P2=0xfe;
  P0=0x00;
  P0=table[num1];
  delay(6);
  P2=0xfd;
  P0=0x00;
  P0=table[num0];
  delay(6);
  P2=0xfb;
  P0=0x00;
  P0=table[10];
  delay(6);
  P2=0xf7;
  P0=0x00;
  P0=table[num3];
  delay(6);
  P2=0xef;
  P0=0x00;
  P0=table[num2];
```

```
        delay(6);
        P2=0xdf;
        P0=0x00;
        P0=table[10];
        delay(6);
        P2=0xbf;
        P0=0x00;
        P0=table[num5];
        delay(6);
        P2=0x7f;
        P0=0x00;
        P0=table[num4];
        delay(6);
    }
//主函数
main()
{ unsigned int i=0;
    uchar a ,b,c,d,e,f ;
        while(1)
        {

        ReadTemp();              //获取 CH1 通道温度值
        ReadTemp1();             //获取 CH2 通道温度值
        ReadTemp2();             //获取 CH3 通道温度值
        b=temp_value/10;         //十位
        a=temp_value% 10;        //个位
        d=temp_value1/10;        //十位
        c=temp_value1% 10;       //个位
        f=temp_value2/10;        //十位
        e=temp_value2% 10;       //个位

    display(b,a,d,c,f,e);
        }
    }
```

5. 相关知识点

1) 单总线协议

(1) 定义:主机和从机通过一根线进行通信。在一根总线上可挂接的从器件数量几乎不受限制。

(2) 特点:这是由 DALLAS 半导体公司推出的一项通信技术。采用单根信号线,既可传输时钟,又可传输数据,而且数据传输是双向的。

(3) 优点:线路简单,硬件开销少,成本低廉,便于总线扩展和维护等。

2) DS18B20 介绍

DS18B20 温度传感器是美国 DALLAS 半导体公司继 DS1820 之后最新推出的只用改进

型智能温度传感器。与传统的热敏电阻相比,它能够直接读出被测温度并且可根据要求通过简单的编程实现 9～12 位的数字直读方式。它可以分别在 93.75 ms 和 750 ms 内完成 9 位和 12 位的数字转换。从 DS18B20 读出信息或将信息写入 DS18B20 仅需要一根口线(单线接口),温度变换功率来源于数据总线,总线本身也可以向所挂接的 DS18B20 供电,而无需额外电源。因而使用 DS18B20 可使系统结构更简单,可靠性更高。DS18B20 在测温精度、转换时时间、传输距离、分辨率等方面较 DS1820 有了很大的改进,给用户带来了更满意的效果。DS18B20 采用 3 脚 PR-35 封装或 8 脚 SOIC 封装,其内部结构框图如图 6.11 所示。

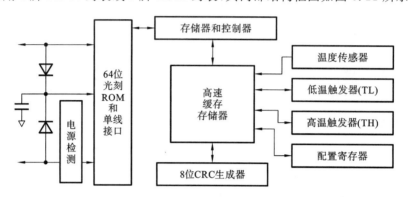

图 6.11  DS18B20 内部结构框图

DS18B20 的内部结构主要由四部分组成:64 位光刻 ROM、温度传感器、非挥发的温度报警触发器 TH 和 TL、配置寄存器。DS18B20 引脚图如图 6.12 所示。

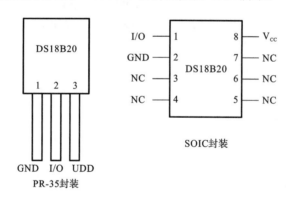

图 6.12  DS18B20 引脚图

DS18B20 的引脚说明如下:GND 为地;I/O 为数据 I/O;$V_{cc}$ 为电源;NC 为空脚。

64 位光刻 ROM 是每片 DS18B20 的一个独一无二的 64 位编码,编码的最低 8 位保存有 DS18B20 的系列编码,中间 48 位保存器件的序列号,最高 8 位保存 ROM 中前 56 位的循环冗余校验(CRC)值,如图 6.13 所示。

| 8 位 CRC 值 | 48 位序列号 | 8 位产品系列编码 |
|---|---|---|
| MSB        LSB | MSB        LSB | MSB        LSB |

图 6.13  64 位光刻 ROM

DS18B20 温度传感器的内部存储器包括一个高速暂存 RAM 和一个非易失性的可电擦除

EEPRAM。后者用于存储 TH/TL 值。数据先写入 RAM,经校验后再传给 EEPRAM。而配置寄存器为高速暂存 RAM 中的第 5 个字节,它用于确定温度值的数字转换分辨率,DS18B20工作时,按此寄存器中的分辨率将温度转换为相应精度的数值。TM 是测试模式位,用于设置DS18B20 在工作模式还是在测试模式,在 DS18B20 出厂时该位被设置为 0,用户不要去改动。低 5 位一直都是 1,Rl 和 R0 决定温度转换精度位数,如图 6.14 所示。

| TM | R1 | R0 | 1 | 1 | 1 | 1 | 1 |
|----|----|----|----|----|----|----|----|

**图 6.14 内部存储器**

温度数据转换的时间如表 6.3 所示,设定的分辨率越高,所需要的温度数据转换时间就越长。因此,在实际应用中要权衡考虑分辨率和转换时间。高速暂存 RAM 除了配置寄存器外,还有另外 8 个字节,其中,温度信息(第 1、2 字节)、TH 和 TL 值(第 3、4 字节),以及第 6~8 字节,表现为全逻辑 1,第 9 字节读出的是前面所有 8 个字节的 CRC 值,可用来保证通信正确。

**表 6.3 温度数据转换的时间**

| R1 | R0 | 分辨率 | 温度最大转换时间/ms |
|----|----|----|----|
| 0 | 0 | 9 | 93.75 |
| 0 | 1 | 10 | 187.5 |
| 1 | 0 | 11 | 275.00 |
| 1 | 1 | 12 | 750.00 |

当 DS18B20 接收到温度转换命令后,开始启动转换。转换完成后的温度值以 16 位带符号扩展的二进制补码形式存储在高速暂存 RAM 的第 1,2 字节中,如图 6.15 所示。单片机可通过单线接口读到该数据,读取时低位在前,高位在后,数据格式以形如 0.0625 ℃/LSB 的形式表示。对应的温度计算为:当符号位 S=0 时,直接将二进制值转换为十进制值;当 S=1 时,先将补码变换为原码,再计算十进制值。

| 温度低位 | 温度高位 | H | L | 配置 | 保留 | 保留 | 保留 | 8 位 CRC 值 |
|----|----|----|----|----|----|----|----|----|

**图 6.15 高速暂存 RAM**

DS18B20 完成温度转换后,把测得的温度值与高速暂存 RAM 中的报警温度设定值进行比较。(报警温度上、下限为 TH 和 TL)若测得温度大于 TH 或下于 TL,则器件内告警标志置位。每次测量温度后更新此标志。只要告警标志置位,DS18B20 将对告警搜索命令做出响应。允许并联连接许多 DS18B20,它们同时进行温度测量。如果某处温度超过极限,那么可以识别出正在告警的器件并立即将其读出而不必读出非告警的器件。部分温度转换如表 6.4 所示。

**表 6.4 部分温度转换**

| 温度 | 输入(二进制) | 输出(十六进制) |
|----|----|----|
| +125 ℃ | 0000 0111 1101 0000 | 07D0H |
| +85 ℃ | 0000 0101 0101 0000 | 0550H |
| +25.0625 ℃ | 0000 0001 1001 0001 | 0191H |

| 温度 | 输入(二进制) | 输出(十六进制) |
|---|---|---|
| +10.125 ℃ | 0000 0000 1010 0010 | 00A2H |
| +0.5 ℃ | 0000 0000 0000 1000 | 0008H |
| 0 ℃ | 0000 0000 0000 0000 | 0000H |
| −0.5 ℃ | 1111 1111 1111 1000 | FFF8H |
| −10.125 ℃ | 1111 1111 0101 1110 | FF5EH |
| −25.0625 ℃ | 1111 1111 0101 1110 | EE6FH |
| −55 ℃ | 1110 1110 0110 1111 | FE90H |

部分特性如下。

(1) 独特的单线接口只需1个接口引脚即可实现通信;

(2) 多点综合测温能力使分布式温度检测应用得以简化;

(3) 不需要外部元器件;

(4) 可用数据线供电;

(5) 需备份电源;

(6) 精度为±0.5 ℃;

(7) 以9位数字值方式读出温度;

(8) 在1 s(典型值)内把温度转换为数字;

(9) 具备用户可定义的、非易失性的温度告警设置;

(10) 应用范围包括恒温控制工业系统、消费类产品温度计,以及热敏系统。

极限参数如下。

(1) 任何引脚相对于地的电压为−0.5~+7.0 V;

(2) 运用温度为−55~+125 ℃;

(3) 存储温度为−55~+125 ℃;

(4) 焊接温度为260 ℃/10 s。

图 6.16 所示的为单片机与 DS18B20 的接口电路。DS18B20 只有三个引脚,一个接地,一个接电源,一个数字输入/输出引脚接单片机的 P1.0 引脚,电源与数字输入/输出引脚间需要接一个 10 kΩ 的电阻。当然,如果单片机的 I/O 口内部自带上拉电阻就可以不加上拉电阻了。

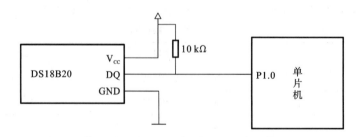

**图 6.16 DS18B20 与单片机的接口电路**

# 6.3 项目三:波形发生器

## 1. 设计功能描述

用数/模转换器 DAC0832 生成一路三角波。

## 2. 项目分析

单缓冲方式:DAC0832 的第 1 级受控,第 2 级直通。

总线接口方式:DAC0832 地址为 0111 1111 1111 1111B(0x7FFF)。

## 3. 硬件电路图

该波形发生器的硬件电路图如图 6.17 所示。

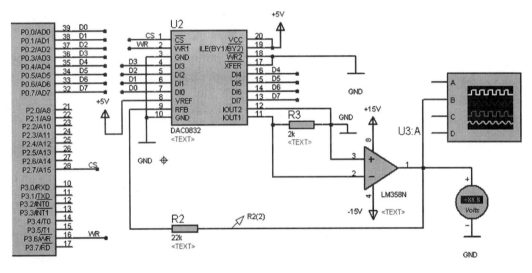

图 6.17 波形发生器硬件电路图

## 4. 程序代码

```
#include <reg52.h>
#include <ABSACC.H>
#define DAC0832Addr 0x7FFF          //DAC0832 地址
#define uchar unsigned char         //uchar 代表无符号字符
#define uint unsigned int           //uint 代表无符号整型数据类型
void Uart_Init( void );             //输出口初始化函数
void TransformData(uchar c0832data);//数据转换函数
void Delay();                       //延时函数
main()
{
uchar cDigital=0;
    Uart_Init();
    P0=0xff;                        //I/O 口初始化
```

```
        P1=0xff;
        P2=0xff;
        P3=0xff;
        Delay();
        while(1)
        {
    for(cDigital=0;cDigital<255;cDigital++)      //产生三角波上升沿
        {
    Delay();
            TransformData(cDigital);
        }
            for(cDigital=255;cDigital>0;cDigital--)      //产生三角波下降沿
            {
    Delay();
            TransformData(cDigital);
            }
        }
    }
    void TransformData(uchar c0832data)          //数/模转换函数
    {
    *((uchar xdata*)DAC0832Addr)=c0832data;
    }
    void Uart_Init(void)
    {
        SCON=0x52;                               //设置串行口控制寄存器 SCON
        TMOD=0x21;                               //采用 12 MHz 时钟时,波特率为 2400 B
        TCON=0x69;
        TH1=0xf3;
    }
    void Delay()                                 //延时 1 ms
    {
    uint i;
        for (i=0;i<250;i++) ;
    }
```

5. 相关知识点

下面对 DAC0832 作简单介绍。

1) 定义

D/A 转换器(Digital to Analog Converter,DAC)是指能把数字量转换为模拟量的电子器件,DAC0832 属于电流输出型 D/A 转换器。

2) 性能指标

(1) 分辨率。

通常将 DAC 能够转换的二进制的位数称为分辨率。位数越多,分辨率越高,一般为 8 位、10 位、12 位、16 位等。

DAC0832 输出模拟电压、输入数字量以及参考电压之间的关系表达式如下所示:

$$V_o = -D \times \frac{V_{REF}}{2^M}$$

其中,D 为输入数字量,$V_{REF}$ 为参考电压,M 为分辨率位数。

如分辨率为 8 位,参考电压为 10 V 时,输出最小电压为 10 V/256≈39.1 mV;若参考电压为 5 V,则输出最小电压为 19.5 mV。

(2) 转换时间。

转换时间指将一个数字量转换为稳定模拟信号所需的时间。DAC 的转换时间一般为几十纳秒(ns)至几微秒(μs)。DAC0832 的转换时间为 1 μs。

3) 性能参数及引脚图

(1) 采用 8 位并行输入方式;

(2) 最小输出电压为 19.5 mV (参考电压取 5 V 时);

(3) 电流建立时间为 1 μs;

(4) 输入与 TTL 电平兼容;

(5) 单一电源供电(+5~+15 V);

(6) 功耗低(20 mW);

(7) DAC0832 的引脚图如图 6.18 所示。

4) 内部结构

如图 6.19 所示,DAC0832 内部由 1 个 8 位输入锁存器、1 个 8 位 DAC 寄存器、1 个 8 位 D/A 转换器和 5 个控制逻辑(2 级控制)组成。

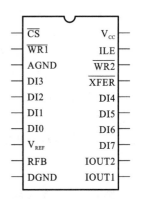

图 6.18 DAC0832 的引脚图

工作过程:8 位数据并行送入锁存器→在第 1 级控制信号作用下进入寄存器→在第 2 级控制信号作用下进入转换器→转换结果由 IOUT1 输出。

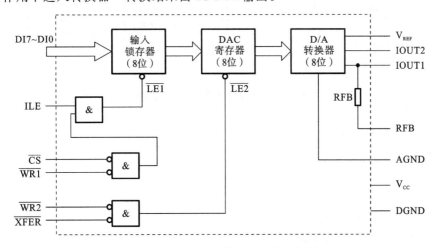

图 6.19 DAC0832 的内部结构示意图

5) 3 种控制方式

(1) 直通方式:两个寄存器都处于直通状态。

(2) 单缓冲方式:一个寄存器处于直通状态,另一个处于受控状态。

(3) 双缓冲方式:两个寄存器都处于受控状态。

# 6.4 项目四:数字电压表

1. 设计功能描述

设计一个数字电压表,采用1路模拟量输入,测量0～5V的直流电压值,并通过8位一体LED数码管显示,保留两位小数。

2. 项目分析

设计5V模拟电压信号通过变阻器RV1分压后,由ADC0809(ADC0808)的IN0通道进入(由于使用的IN0通道,所以ADDA,ADDB,ADDC均接低电平),经过模/数转换后,产生相应的数字量经过其输出通道D0～D7传送给AT89C51芯片的P0口,AT89C51负责对接收到的数字量进行数据处理,产生正确的7段数码管的显示段码并传送给8位一体LED数码管,同时它还通过4位I/O口P2.0～P2.7产生位选信号控制8位数码管的亮灭。

由于单片机AT89C51有8位处理器,当输入电压为5V时,ADC0809(ADC0808)输出数据值为255(0FFH),因此单片机最高的数值分辨率为

$$\frac{5\ \mathrm{V}}{255} \approx 0.0196\ \mathrm{V}$$

这就决定了电压表的最高分辨率只能到0.0196V,测试电压一般以0.01V的幅度变化。数字电压表系统结构框图如图6.20所示。

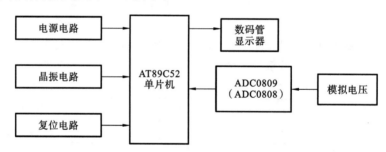

**图 6.20 数字电压表系统结构框图**

3. 硬件电路图

数字电压表硬件电路图如图6.21所示。

4. 程序代码

```
#include<reg51.h>
#define uint unsigned int
#define uchar unsigned char
uchar code
table[]={0xfc,0x60,0xda,0xf2,0x66,0xb6,0xbe,0xe0,0xfe,0xf6,0xee,0x3e,0x9c,
0x7a,0x9e,0x8e};
sbit START=P3^0;
sbit EOC=P3^1;
```

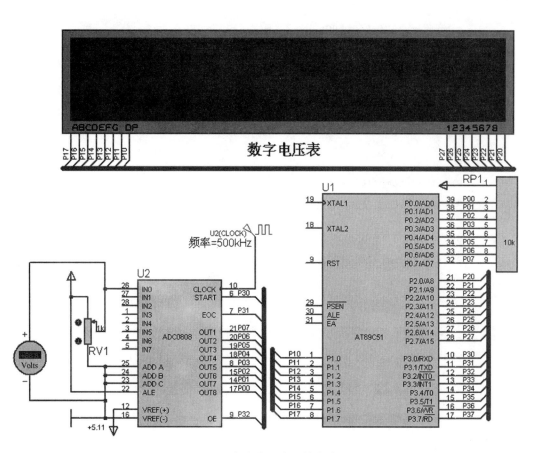

图 6.21 数字电压表硬件电路图

```
sbit OE=P3^2;
sbit dot=P1^0;
void delay(uint m)
{
    while(m--);
}
void main()
{
    uint temp;
    START=0;
    OE=0;
    START=1;
    START=0;
    while(1)
    {
        if(EOC==1)
        {
        OE=1;
        temp=P0;
```

```
temp=temp*1.0/255*500;
OE=0;

P2=0xfe;
P1=table[temp%10];
delay(500);

P2=0xfd;
P1=table[temp/10%10];
delay(500);

P2=0xfb;
P1=table[temp/100%10];
dot=1;
delay(500);

START=1;
START=0;
    }
  }
}
```

5. 相关知识点

下面对 ADC0809 作简单介绍。

1) 定义

A/D 转换器(Analog to Digital Converter,ADC)是指能把模拟量转换为数字量的电子器件,ADC0809 属于逐次逼近型 A/D 转换器。

2) 性能指标

(1) 分辨率。

分辨率是指系统在标准参考电压时可分辨的最小模拟电压,即 1 bit 对应的模拟电压大小。ADC0809 的分辨率为 8 位。

(2) 转换时间。

转换时间是指完成一次 A/D 转换所需要的时间。逐次逼近型 ADC 的典型值为 1~200 μs。

3) 性能参数及引脚图

(1) 分辨率为 8 位;

(2) 转换时间为 100 μs;

(3) 工作量程为 0~+5 V;

(4) 功耗为 15 mW;

(5) 工作电压为 +5 V;

(6) 具有锁存控制的 8 路模拟开关;

(7) 输出与 TTL 电平兼容;

(8) ADC0809 的引脚图如图 6.22 所示。

4）内部结构

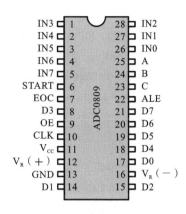

如图 6.22 所示，三根地址线 A、B 和 C 用于选通 8 路模拟输入信号通道 IN0～IN7；START 为启动 A/D 转换控制引脚；CLK 为转换时钟输入引脚；$V_R$ 为参考电压引脚；EOC为转换结束标志引脚；OE 为输出使能引脚；ALE 为地址锁存使能引脚。

5）工作时序

工作时序如图 6.23 所示。

(1) START 正脉冲启动 A/D 转换；

(2) ALE 锁存 ADDA、ADDB、ADDC；

图 6.22　ADC0809 的引脚图

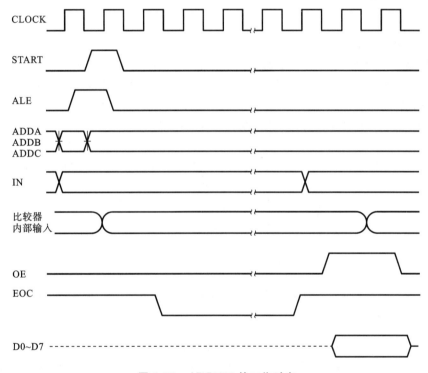

图 6.23　ADC0809 的工作时序

(3) EOC 先由高变低(A/D 启动后)，然后保持低电平(转换期间)，最后由低变高(转换结束)；

(4) OE 为正脉冲，打开三态门输出。

6）单片机控制 ADC0809 进行 A/D 转换的过程

(1) 首先由加到通道选择控制引脚 C、B 和 A 上的编码决定选择 ADC0809 的某一路模拟输入通道，同时产生高电平加到 ADC0809 的 START 引脚，开始对选中通道转换。

(2) 转换结束时，ADC0809 发出转换结束 EOC(高电平)信号。

(3) 单片机读取转换结果时，需控制 OE 端为高电平，把转换完毕的数字量读入单片机。单片机读取 A/D 转换结果可采用查询方式和中断方式。查询方式是检测 EOC 是否变为高电

平,如为高电平则说明转换结束,然后单片机读入转换结果。中断方式是单片机开始启动
ADC 转换之后,单片机执行其他程序。ADC0809 转换结束后 EOC 变为高电平,EOC 信号通
过反相器向单片机发出中断请求信号,单片机响应中断,进入中断服务程序,在中断服务程序
中读入转换完毕的数字量。很明显,中断方式的效率高,特别适合于转换时间较长的 ADC。

# 6.5  项目五:交通灯控制系统

1. 设计功能描述

设计一组由单片机最小系统、LED 数码管倒计时显示电路、交通信号灯显示电路、按键状
态显示电路、按键电路共同构成的交通灯控制系统。

2. 项目分析

该系统结构框图如图 6.25 所示。

(1) 东、南、西、北每个方向路口分别有一组由红、黄、绿三色组成的交通信号灯(简称交通
灯),用以指示车辆通行状态。当系统开始运行后,东西向和南北向的交通灯分别按照"红灯亮
→绿灯亮→黄灯亮"和"绿灯亮→黄灯亮→红灯亮"的模式轮流显示。

(2) 除以上基本要求外,还需实现暂停、手动设置通行时间、测试设备工作状态、紧急制动
等功能。

交通信号灯变换规律和交通信号灯运行的四种状态分别如表 6.5 和图 6.24 所示。

**表 6.5  交通信号灯变换规律表**

| 南北方向 | 绿灯亮 | 黄灯亮 | 红灯亮 | |
|---|---|---|---|---|
| | 15 s | 5 s | 15 s | |
| 东西方向 | 红灯亮 | | 绿灯亮 | 黄灯亮 |
| | 20 s | | 10 s | 5 s |

3. 硬件电路图

核心器件可采用 AT89C52 单片机,与晶振电路、复位电路和电源电路组成单片机最小系
统。单片机最小系统与 LED 数码管倒计时显示电路、交通信号灯显示电路、按键状态显示电
路、按键电路共同构成交通灯控制系统。

该交通灯控制系统用于由两条主干道汇合成的十字路口。红、黄、绿三种颜色的交通信号
灯供正常工作时使用,用红、黄、绿三种颜色的发光二极管作为按键状态指示灯。用 7 段共阴
极数码管倒计时显示剩余时间,4×4 矩阵键盘用来设置交通灯的运行模式和通行时间。其
中,交通信号灯由 AT89C52 的 P1 口控制,LED 数码管由 AT89C52 的 P0、P2.0~P2.3 口控
制,按键状态指示灯由 AT89C52 的 P2.4~P2.6 口控制,4×4 矩阵键盘由 AT89C52 的 P3 口
控制,控制程序存放在 AT89C52 芯片的 ROM 中。

单片机上电后,系统对交通信号灯进行初始化,同时定时器开始计时,系统进入正常运行
模式。系统将状态码送至 P1 口显示交通信号灯当前状态,将需要显示的时间送至 P0 口,用
P2 口的 P2.0~P2.3 口选通 LED 数码管。结合软件计数法定时 1 s,1 s 之后将时间减 1 s,刷

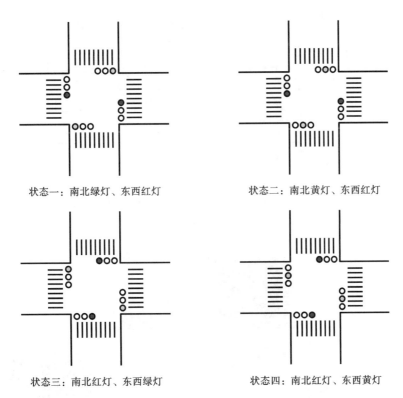

状态一：南北绿灯、东西红灯                    状态二：南北黄灯、东西红灯

状态三：南北红灯、东西绿灯                    状态四：南北红灯、东西黄灯

图 6.24 交通信号灯运行的四种状态示意图

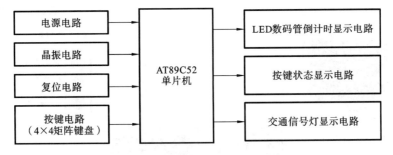

图 6.25 交通灯控制系统结构框图

新 LED 数码管。倒计时结束时,对下一个状态进行判断,并装入下一个状态的状态码和相应的时间值。

4×4 矩阵键盘采用列扫描方式扫描。列线为 P3.4、P3.5、P3.6、P3.7,行线为 P3.0、P3.1、P3.2、P3.3。该矩阵键盘主要完成对交通灯控制系统的高级控制,如暂停、手动设置通行时间、测试设备工作状态、紧急制动等。

交通灯控制系统的硬件电路图如图 6.26 所示(图中数码管的段线与单片机 P0 口连接)。

4. 程序代码

```
#include<reg51.h>
#define uchar unsigned char
#define uint unsigned int
uchar code table[]= {                        //共阴极数码管码表
```

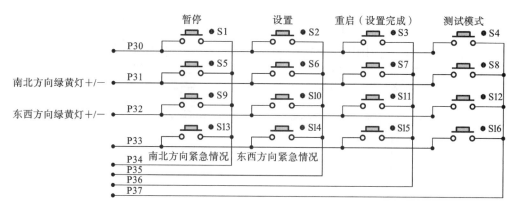

（a）键盘与单片机连接图

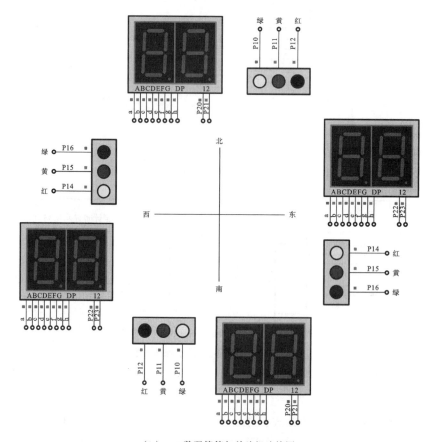

（b）LED数码管等与单片机连接图

图6.26　交通灯控制系统硬件电路图

```
0x3f,0x06,0x5b,0x4f,
0x66,0x6d,0x7d,0x07,
0x7f,0x6f,0x77,0x7c,
0x39,0x5e,0x79,0x71,
0xc9,0xff,0x40};                    //设置码,测试码,不计时码
```

```
void delay(uint x);                        //延时函数
void display(uchar,uchar,uchar,uchar);     //数码管显示函数
void mkeys();                              //键盘函数
void traffic();                            //交通信号灯函数

uchar num,num1,num2,                       //num1:南北;num2:东西
shi1,ge1,shi2,ge2,
value1,value2,                             //南北 绿灯时间 黄灯时间
value3,value4,                             //东西 绿灯时间 黄灯时间
count1,count2,flag1,flag2;                 //南北标记,东西标记

void main()
{
    TMOD=0x01;                             //T1模式,定时
    TH0=(65536-50000)/256;                 //装入记数初值高8位,12 MHz定时50 ms
    TL0=(65536-50000)%256;                 //装入记数初值低8位,256(D)=0100(H)
    EA=1;                                  //开中断
    ET0=1;
    TR0=1;                                 //启动定时器T0

/* 初始状态* /
    value1=15;                             //南北绿黄灯默认值
    value2=5;
    value3=10;                             //东西绿黄灯默认值
    value4=5;

    num1=value1;                           //南北数码管先显示绿灯倒计时
    num2=value2+value1;                    //东西红灯时间
    shi1=num1/10;
    ge1=num1%10;
    shi2=num2/10;
    ge2=num2%10;
    P1=0x41;                               //初始状态:东西红灯20 s,南北绿灯15 s
    while(1){
        if(num==20)                        //定时器1 s
        {
            num=0;
            num1--;
            num2--;
            traffic();

            shi1=num1/10;
            ge1=num1%10;

            shi2=num2/10;
```

```
            ge2=num2%10;
        }
        mkeys();
      display(shi1,ge1,shi2,ge2);
    }
}
void traffic()                          //红绿灯主控制程序
{
    if(num1==0){
        count1++;
        if(count1==1){
            P1=0x42;                    //东西红灯 5 s,南北黄灯 5 s
            num1=value2;
        }
        if(count1==2){
            num1=value3+value4;         //东西绿灯 10 s,南北红灯 15 s
            P1=0x14;
        }
        if(count1==3){
            P1=0x41;                    //东西黄灯 5 s,南北红灯 5 s
            num1=value4;
            count1=0;
        }
    }
    if(num2==0){
        count2++;
        if(count2==1){
            P1=0x14;                    //东西绿灯,南北红灯
            num2=value3;
        }
        if(count2==2){
            P1=0x24;                    //东西黄灯,南北红灯
            num2=value4;
        }
        if(count2==3){
            num2=value1+value2;         //东西红灯,南北绿灯
            num1=value1;
            count2=0;
        }
    }
}

void display(uchar shi1,uchar ge1,uchar shi2,uchar ge2)      //数码管显示子函数
{
    uchar temp;
```

```
    temp=P2;
    P2=0xfe;
    P0=table[shi1];
    delay(5);

    P2=0xfd;
    P0=table[ge1];
    delay(5);

    P2=0xfb;
    P0=table[shi2];
    delay(5);

    P2=0xf7;
    P0=table[ge2];
    delay(5);
}

void delay(uint x)                         //延时子函数
{
    uint i,j;
    for(i=x;i>0;i--)
        for(j=125;j>0;j--);
}

void mkeys()                               //4*4 矩阵键盘功能子函数
{
    uchar temp,key;
    P3=0xfe;                               //第 1 行线
    temp=P3;
    temp=temp&0xf0;                        //读取 P3 口线数据
    if(temp! =0xf0)                        //低电平判断
    {
        delay(10);                         //延时消抖
        temp=P3;
        temp=temp&0xf0;                    //读取 P3 口线数据
        if(temp! =0xf0){                   //低电平判断
            temp=P3;
            switch(temp)                   //读取按键号
            {
                case 0xee:                 //P3^0 线
                    key=0;
                    P2=P2&0xbf;
                    break;
                case 0xde:
```

```
                        key=1;
                        break;
                 case 0xbe:
                        key=2;
                        break;
                 case 0x7e:
                        key=3;
                        break;
            }
        while(temp!=0xf0)
        {
            temp=P3;
            temp=temp&0xf0;
        }
        if(key==0) {                        //按键 S1:暂停
        TR0=~TR0;                           //定时器取反
        flag1=~flag1;                       //南北能够设置标志,0代表有效
        flag2=~flag2;                       //东西能够设置标志
    }
        if(key==1&&flag1==0){               //按键 S2:设置
            TR0=0;
            P1=0x44;                        //禁止东南西北车辆通行,全为红灯,可以设置
            shi1=ge1=shi2=ge2=16;
        }
        if(key==2&&flag2==0){               //按键 S3:重启(设置完成)
            TR0=1;
            num=0;                          //定时器初始化
            P1=0x41;                        //重新开始
            num1=value1;                    //南北数码管显示绿灯倒计时
            num2=value2+value1;             //东西红灯时间
            shi1=num1/10;
            ge1=num1%10;
            shi2=num2/10;
            ge2=num2%10;
        }
        if(key==3&&P1==0x44){               //按键 S4:测试模式
            P1=0xff;
            delay(1000);
            P1=~P1;
            shi1=ge1=shi2=ge2=17;
            P1=0x44;
        }
        }
    }
    P3=0xfd;                                //第 2 行线
```

```
temp=P3;
temp=temp&0xf0;
if(temp!=0xf0)
{
    delay(10);
    temp=P3;
    temp=temp&0xf0;
    if(temp!=0xf0){
        temp=P3;
        switch(temp)
        {
            case 0xed:                      //P3^1 线
                key=0;
                break;
            case 0xdd:
                key=1;
                break;
            case 0xbd:
                key=2;
                break;
            case 0x7d:
                key=3;
                break;
        }
    while(temp!=0xf0)
    {
        temp=P3;
        temp=temp&0xf0;
    }
    if(key==0&&P1==0x44)                    //按键 S5:南北方向绿灯时间+
        { num1=value1;
        if(num2!=159)                       //保证交通合理,红灯计时最大值为 159 s,红
                                            //灯不再增加

            { num1++;
              value1=num1;
            }
            shi1=num1/10;
            ge1=num1%10;

            num2=value1+value2;             //显示东西红灯时间
            shi2=num2/10;
            ge2=num2%10;
        }
        if(key==1&&P1==0x44)                //按键 S6:南北方向黄灯时间+
          { num1=value2;
```

```
            if(num2!=159){
                num1++;
                value2=num1;
            }
            shi1=num1/10;
            ge1=num1%10;
            num2=value1+value2;          //显示东西红灯时间
            shi2=num2/10;
            ge2=num2%10;
        }
        if(key==2&&P1==0x44&&value1>3){   //按键S7:南北方向绿灯时间-,保证交通合
                                          理,绿灯计时最小值为3 s,绿灯不再减少
            num1=value1;

            num1--;
            value1=num1;

            shi1=num1/10;
            ge1=num1%10;
            num2=value1+value2;          //显示东西红灯时间
            shi2=num2/10;
            ge2=num2%10;
        }
        if(key==3&&P1==0x44&&value2>3){   //按键S8:南北方向黄灯时间-

            num1=value2;

            num1--;
            value2=num1;

            shi1=num1/10;
            ge1=num1%10;
            num2=value1+value2;          //显示东西红灯时间
            shi2=num2/10;
            ge2=num2%10;
        }
    }
}
P3=0xfb;                                 //第3行线
temp=P3;
temp=temp&0xf0;
if(temp!=0xf0)
{
    delay(10);
    temp=P3;
```

```
        temp=temp&0xf0;
        if(temp!=0xf0){
            temp=P3;
            switch(temp)
        {
            case 0xeb:                      //P3^2 线
                key=0;
                break;
            case 0xdb:
                key=1;
                break;
            case 0xbb:
                key=2;
                break;
            case 0x7b:
                key=3;
                break;
        }
while(temp!=0xf0)
{
    temp=P3;
    temp=temp&0xf0;
}
if(key==0&&P1==0x44){                       //按键 S9:东西方向绿灯时间+
    num2=value3;
    if(num1!=159){
        num2++;
        value3=num2;
    }
    shi2=num2/10;
    ge2=num2%10;

    num1=value3+value4;                     //显示南北红灯时间
    shi1=num1/10;
    ge1=num1%10;
}
if(key==1&&P1==0x44){                       //按键 S10:东西方向黄灯时间+
    num2=value4;
    if(num1!=159){
        num2++;
        value4=num2;
    }
    shi2=num2/10;
    ge2=num2%10;
    num1=value3+value4;                     //显示南北红灯时间
```

```
        shi1=num1/10;
        ge1=num1%10;
    }
    if(key==2&&P1==0x44&&value3>3){        //按键 S11:东西方向绿灯时间-
        num2=value3;
        num2--;
        value3=num2;

        shi2=num2/10;
        ge2=num2%10;

        num1=value3+value4;                 //显示南北红灯时间
        shi1=num1/10;
        ge1=num1%10;
    }
    if(key==3&&P1==0x44&&value4>3){        //按键 S12:东西方向黄灯时间-
        num2=value4;

        num2--;
        value4=num2;

        shi2=num2/10;
        ge2=num2%10;
        num1=value3+value4;                 //显示南北红灯时间
        shi1=num1/10;
        ge1=num1%10;
    }
    }
}


P3=0xf7;                                    //第 4 行线,按键 S2 未使用
temp=P3;
temp=temp&0xf0;
if(temp!=0xf0)
{
    delay(10);
    temp=P3;
    temp=temp&0xf0;
    if(temp!=0xf0){
        temp=P3;
        switch(temp)
        {
            case 0xe7:                      //P3^3 线
                key=0;
                P2=P2&0xdf;
```

```
                break;
            case 0xd7:
                key=1;
                P2=P2&0xef;
                break;
            case 0xb7:
                key=2;
                break;
            case 0x77:
                key=3;
                break;
        }
    while(temp!=0xf0)
    {
        temp=P3;
        temp=temp&0xf0;
    }

    if(key==0&&P1==0x44){          //按键 S13:南北方向紧急情况,即南北绿灯常
                                   //  亮,东西红灯常亮
        P1=0x41;
        shi1=ge1=shi2=ge2=18;
    }
    if(key==1&&P1==0x44){          //按键 S14:东西方向紧急情况,即东西绿灯常
                                   //  亮,南北红灯常亮
        P1=0x14;
        shi1=ge1=shi2=ge2=18;
    }

    if(key==2&&P1==0x44){          //按键 S15
    }

    if(key==3&&P1==0x44){          //按键 S16
    }
    }
  }
}

void T0_time() interrupt 1         //定时器 T0 中断子程序
{
    TH0=(65536-50000)/256;
    TL0=(65536-50000)%256;
    num++;
}
```

5. 相关知识点

1）键盘扫描和键值计算

该交通灯控制系统中共设置 4 组按键,每组 4 个,共 16 个按键,采用阵列式键盘设计,如图 6.26(a)所示。由于按键数量较多,采用行列扫描方式可以减少占用的单片机 I/O 口的数目。

第 1 组:按键 S1 为暂停键;按键 S2 为设置键;按键 S3 为重启(设置完成)键;按键 S4 为测试模式键。

第 2 组:按键 S5 为南北方向绿灯时间＋键;按键 S6 为南北方向黄灯时间＋键;按键 S7 为南北方向绿灯时间－键;按键 S8 为南北方向黄灯时间－键。

第 3 组:按键 S9 为东西方向绿灯时间＋键;按键 S10 为东西方向黄灯时间＋键;按键 S11 为东西方向绿灯时间－键;按键 S12 为东西方向黄灯时间－键。

第 4 组:按键 S13 为南北方向紧急情况键;按键 S14 为东西方向紧急情况键;按键 S15 和按键 S16 无实际控制功能,做后续扩展使用。

该交通灯控制系统中,按下设置键后,才能使用第 2、3 组时间调整键对南北方向黄绿灯时间、东西方向黄绿灯时间进行调整。调整完成后,按下重启(设置完成)键表示时间设置完毕,进入新的工作状态。同理,必须按下设置键后,才能使用测试模式键来测试交通设备。

2）数码管显示技术

该交通灯控制系统选定的数码管的型号为 7SEG-MPX2-CC(共阴极)2 位一体数码管,共用 4 组,每组 2 个,共 8 个。2 位一体数码管易于控制、制作方便且成本低廉。单个 LED 数码管引脚及共阴极接法如图 6.27 所示。其工作原理是,通过 7 段数码管的不同规律组合显示不同的数字、字母或符号。该交通灯控制系统中的发光二极管的阴极连在一起构成公共端,使用时公共端接低电平,当发光二极管阳极端输入高电平时,发光二极管就被导通点亮;当阳极端输入低电平时则不点亮。

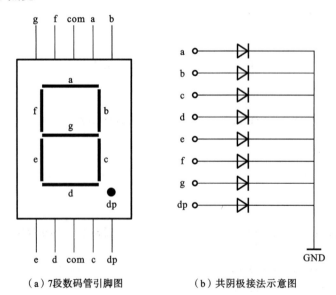

（a）7段数码管引脚图　　　　　　（b）共阴极接法示意图

图 6.27　LED 数码管引脚图及共阴极接法示意图

该交通灯控制系统中 7 段数码管采用软件译码动态显示方式。动态显示方式采用的是多路复用技术,即依次向每位数码管同时送出段选信号和相应的位选信号,位选信号选择某一个数码管,然后段选信号输出段码,确定数码管需要显示的内容。

该交通灯控制系统使用 P0 口来控制 LED 数码管的段选线,使用 P2 口控制 LED 数码管的位选线。位与位之间利用软件延时交替闪烁,当延时时间非常短时,闪烁频率达到每秒 25 帧时,人眼就不能分辨位与位之间的延时,再加上数码管的余晖,就能给人眼以各位数码管在同时显示的错觉。

# 6.6 项目六:简易电子琴

## 1. 设计功能描述

设计一个简易电子琴,利用定时器产生 DO、RE、MI、FA、SO、LA、SI 等 7 个音符的低、中、高音,共 16 个音阶信号,研究利用单片机产生音阶的方法。

## 2. 项目分析

核心器件可采用 AT89C52 单片机,与晶振电路、复位电路和电源电路组建为单片机最小系统。单片机最小系统与电子琴键盘电路、蜂鸣器发声电路共同构成简易电子琴系统。利用该简易电子琴可以弹奏曲目。系统结构框图如图 6.28 所示。

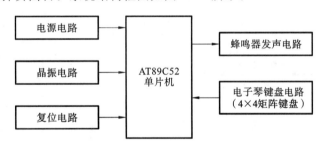

图 6.28 简易电子琴系统结构框图

该简易电子琴用 4×4 矩阵键盘组成 16 个音阶对应的琴键,由 AT89C52 的 P3 口控制。单片机通电后对系统进行初始化,接着开始扫描键盘,4×4 矩阵键盘采用列扫描方式扫描。列线为 P3.0、P3.1、P3.2、P3.3,行线为 P3.4、P3.5、P3.6、P3.7。当有按键按下,对应音阶发出声音。

## 3. 硬件电路图

简易电子琴硬件电路图如图 6.29 所示。

## 4. 程序代码

```
#include <AT89X52.h>
#include<intrins.h>
#define uchar unsigned char
#define uint unsigned int
uchar temp;
```

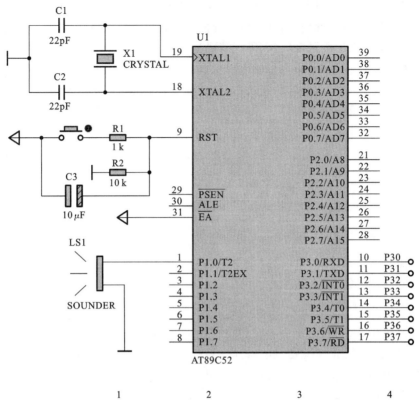

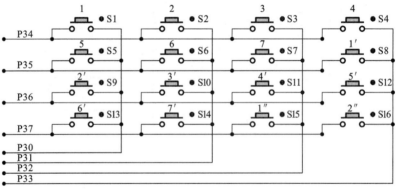

图 6.29 简易电子琴硬件电路图

```c
uchar key;
uchar i,j;
uchar STH0;
uchar STL0;

uint code tab[]=                        //音符表
{64021,64103,64260,64400,
64524,64580,64684,64777,
64820,64898,64968,65030,
65058,65110,65157,65178};
```

```
uchar tab1[]={                              //音符节拍表
        0x82,0x01,0x81,0x94,0x84,0xb4,0xa4,0x04,
        0x82,0x01,0x81,0x94,0x84,0xc4,0xb4,0x04,
        0x82,0x01,0x81,0xf4,0xd4,0xb4,0xa4,0x94,
        0xe2,0x01,0xe1,0xd4,0xb4,0xc4,0xb4,0x04,
        0x82,0x01,0x81,0x94,0x84,0xb4,0xa4,0x04,
        0x82,0x01,0x81,0x94,0x84,0xc4,0xb4,0x04,
        0x82,0x01,0x81,0xf4,0xd4,0xb4,0xa4,0x94,
        0xe2,0x01,0xe1,0xd4,0xb4,0xc4,0xb4,0x04,
        0x00};

uchar tab2[]={                              //音符对应的定时器初值表
        //64260,64400,64521,64580,
        0xfb,0x04,0xfb,0x90,0xfc,0x09,0xfc,0x44,
        //64684,64777,64820,64898,
        0xfc,0xac,0xfd,0x09,0xfd,0x34,0xfd,0x82,
        //64968,65030,65058,65110,
        0xfd,0xc8,0xfe,0x06,0xfe,0x22,0xfe,0x56,
        //65157,65178,65217
        0xfe,0x85,0xfe,0x9a,0xfe,0xc1
        };

void main(void){                           //主程序
    TMOD=0x01;
    ET0=1;
    EA=1;
    while(1)
    {
        P3=0xff;
        P3_4=0;
        temp=P3;
        temp=temp & 0x0f;
        if (temp!=0x0f){                   //从第 1 行开始扫描键盘
            for(i=50;i>0;i--)              //延时
            for(j=200;j>0;j--);
            temp=P3;
            temp=temp & 0x0f;
            if (temp!=0x0f){
                temp=P3;
                temp=temp & 0x0f;
                switch(temp){              //读取按键值
                    case 0x0e:
                        key=0;
                        break;
                    case 0x0d:
```

```
                            key=1;
                            break;
                        case 0x0b:
                            key=2;
                            break;
                        case 0x07:
                            key=3;
                            break;
                    }
                temp=P3;
                P1_0=~P1_0;
                STH0=tab[key]/256;            //计算音符频率对应的定时器计数值
                STL0=tab[key]%256;
                TR0=1;
                temp=temp & 0x0f;
                while(temp!=0x0f){
                    temp=P3;
                    temp=temp & 0x0f;
                }
            TR0=0;
            }
    }

    P3=0xff;
    P3_5=0;
    temp=P3;
    temp=temp & 0x0f;
    if (temp!=0x0f){                          //扫描键盘第2行
        for(i=50;i>0;i--)
        for(j=200;j>0;j--);
        temp=P3;
        temp=temp & 0x0f;
        if (temp!=0x0f){
            temp=P3;
            temp=temp & 0x0f;
            switch(temp){
                case 0x0e:
                    key=4;
                    break;
                case 0x0d:
                    key=5;
                    break;
                case 0x0b:
                    key=6;
                    break;
```

```
            case 0x07:
                key=7;
                break;
        }
        temp=P3;
        P1_0=~P1_0;
        STH0=tab[key]/256;
        STL0=tab[key]%256;
        TR0=1;
        temp=temp & 0x0f;
        while(temp!=0x0f){
            temp=P3;
            temp=temp & 0x0f;
        }
        TR0=0;
    }
}


P3=0xff;
P3_6=0;
temp=P3;
temp=temp & 0x0f;
if (temp!=0x0f){                    //扫描键盘第 3 行
    for(i=50;i>0;i--)
    for(j=200;j>0;j--);
    temp=P3;
    temp=temp & 0x0f;
    if (temp!=0x0f){
        temp=P3;
        temp=temp & 0x0f;
        switch(temp){
            case 0x0e:
                key=8;
                break;
            case 0x0d:
                key=9;
                break;
            case 0x0b:
                key=10;
                break;
            case 0x07:
                key=11;
                break;
        }
        temp=P3;
```

```
            P1_0=~P1_0;
            STH0=tab[key]/256;
            STL0=tab[key]%256;
            TR0=1;
            temp=temp & 0x0f;
            while(temp!=0x0f){
                temp=P3;
                temp=temp & 0x0f;
            }
            TR0=0;
        }
    }

    P3=0xff;
    P3_7=0;
    temp=P3;
    temp=temp & 0x0f;
    if (temp!=0x0f){                        //扫描键盘第 4 行
        for(i=50;i>0;i--)
        for(j=200;j>0;j--);
        temp=P3;
        temp=temp & 0x0f;
        if (temp!=0x0f){
            temp=P3;
            temp=temp & 0x0f;
            switch(temp){
                case 0x0e:
                    key=12;
                    break;
                case 0x0d:
                    key=13;
                    break;
                case 0x0b:
                    key=14;
                    break;
                case 0x07:
                    key=15;
                    break;
            }
            temp=P3;
            P1_0=~P1_0;
            STH0=tab[key]/256;
            STL0=tab[key]%256;
            TR0=1;
            temp=temp & 0x0f;
```

```
        while(temp!=0x0f){
            temp=P3;
            temp=temp & 0x0f;
        }
        TR0=0;
      }
    }
  }
}

void t0(void) interrupt 1 using 0 {        //定时器 T0 中断服务函数
    TH0=STH0;
    TL0=STL0;
    P1_0=~P1_0;                            //产生方波
}
```

5．相关知识点

1）蜂鸣器的发声原理

本系统采用 Proteus 元器件库中的"SOUNDER"（蜂鸣器）元器件作为发声模块，实现声音的播放。声音是由振动产生的，一定频率的振动就会产生一定频率的声音。

2）音符频率与定时器初值

本电子琴系统共设置 16 个按键，分别对应 DO、RE、MI、FA、SO、LA、SI 等 7 个音符的低、中、高音，共 16 个音阶信号。采用阵列式键盘设计，如图 6.30 所示。

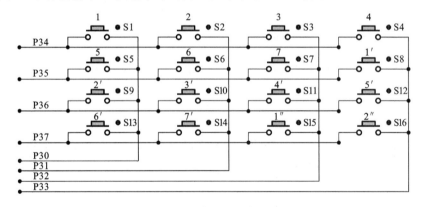

图 6.30　电子琴键盘电路

通过产生不同频率的音频脉冲信号即能产生不同的音调。对于单片机而言，可以利用定时器/计数器产生不同频率的方波信号。那么，首先需要弄清楚音乐中的音符和音符对应的频率，以及音符与单片机定时/计数的关系。

在本项目中，单片机工作在 12 MHz 的时钟频率下，使用定时器/计数器 T0 的定时模式，选择工作方式 1，改变计数值 TH0 和 TL0 便可产生不同频率的脉冲信号，在此情况下，C 调的各音符频率与定时器初值的对照如表 6.6 所示。

表 6.6 音符频率与定时器初值的对照表

| 音符 | 频率/Hz | 定时器初值 | 音符 | 频率/Hz | 定时器初值 |
|------|---------|-----------|------|---------|-----------|
| 低 1DO | 262 | 63628 | ♯4FA♯ | 740 | 64860 |
| ♯1DO♯ | 277 | 63737 | 中 5SO | 784 | 64898 |
| 低 2RE | 294 | 63835 | ♯5SO♯ | 831 | 64934 |
| ♯2RE♯ | 311 | 63928 | 中 6LA | 880 | 64968 |
| 低 3MI | 330 | 64021 | ♯6LA♯ | 932 | 64994 |
| 低 4FA | 349 | 64103 | 中 7SI | 968 | 65030 |
| ♯4FA♯ | 370 | 64185 | 高 1DO | 1046 | 65058 |
| 低 SO | 392 | 64260 | ♯1DO♯ | 1109 | 65085 |
| ♯5SO♯ | 415 | 64331 | 高 2RE | 1175 | 65110 |
| 低 6LA | 440 | 64400 | ♯2RE♯ | 1245 | 65134 |
| ♯6LA♯ | 466 | 64463 | 高 3MI | 1318 | 65157 |
| 低 7SI | 494 | 64524 | 高 4FA | 1397 | 65178 |
| 中 1DO | 523 | 64580 | ♯4FA♯ | 1490 | 65198 |
| ♯1DO♯ | 554 | 64633 | 高 5SO | 1568 | 65217 |
| 中 2RE | 587 | 64633 | ♯5SO♯ | 1661 | 65235 |
| ♯2RE♯ | 622 | 64884 | 高 6LA | 1760 | 65252 |
| 中 3MI | 659 | 64732 | ♯6LA♯ | 1865 | 65268 |
| 中 4FA | 698 | 64820 | 高 7SI | 1967 | 65283 |

定时器初值决定了 TH0 和 TL0 的值,其关系为

```
TH0= T/256
TL0= T% 256
```

当矩阵键盘有按键按下时,读取相应按键的键值,在音节数组中读出音节频率,定时器 T0 中断使得 P1.0 产生该频率的音调。

# 6.7 项目七:步进电机控制系统

1. 设计功能描述

设计一个步进电机控制系统,实现步进电机的正转、反转和停止控制。

2. 项目分析

核心器件可采用 AT89C51 单片机,使用 Keil 来进行软件设计,ULN2003A 电机驱动芯片及其外围电路构成整个系统的驱动部分。系统结构框图如图 6.31 所示。

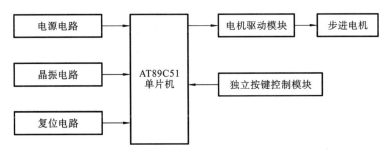

图 6.31 步进电机控制系统结构框图

3. 硬件电路图

整个系统的组成包括单片机最小系统、电机驱动模块、独立按键控制模块等,硬件电路图如图 6.32 所示。

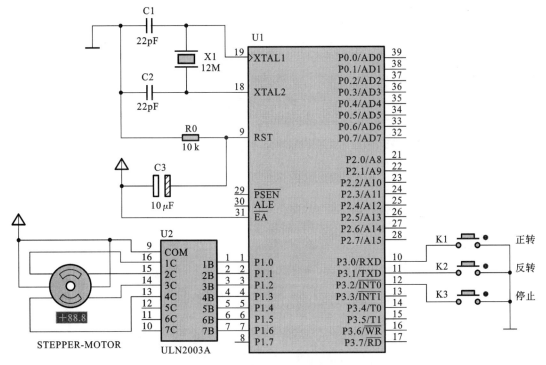

图 6.32 步进电机控制系统硬件电路图

4. 程序代码

```c
#include <reg52.h>
#define uint unsigned int
#define uchar unsigned char
uchar code Forward[ ]={0x01,0x03,0x02,0x06,0x04,0x0c,0x08,0x09};
        //正转,通电顺序为 A 相- AB 相- B 相- BC 相- C 相- CD 相- D 相- DA 相

uchar code Reverse[ ]= {0x09,0x08,0x0c,0x04,0x06,0x02,0x03,0x01};
        //反转,通电顺序为 DA 相- D 相- CD 相- C 相- BC 相- B 相- AB 相- A 相
```

```
sbit K1=P3^0;                          //正转控制按键
sbit K2=P3^1;                          //反转控制按键
sbit K3=P3^2;                          //停止控制按键
                                       //延时函数
void DelayMS(uint ms)
{
    uchar i;
    while(ms--)
    {
        for(i=0;i<100;i++);
    }
}


//正转控制函数
void STEP_MOTOR_Forward()
{
    uchar i;
    for(i=0;i<8;i++)
    {
        if(K3==0)break;                //若按下停止控制按键,则退出循环
        P1=Forward[i];                 //正转
        DelayMS(25);
    }
}
//反转控制函数
void STEP_MOTOR_Reverse()
{
    uchar i;
    for(i=0;i<8;i++)
    {
        if(K3==0)break;
        P1=Reverse[i];                 //反转
        DelayMS(25);
    }
}
//主函数
void main()
{
    while(1)
    {
        if(K1==0)                      //正转控制按键按下
        {
            STEP_MOTOR_Forward();
            if(K3==0) break;           //若按下停止控制按键,则退出循环
        }
```

```
        if(K2==0)                              //反转控制按键按下
          {
              STEP_MOTOR_Reverse();
              if(K3==0) break;        //若按下停止控制按键,则退出循环
          }
      }
  }
```

5. 相关知识点

1) 步进电机的分类

步进电机的种类很多,从广义上讲,步进电机分为机械式、电磁式和组合式三大类。按结构特点分,电磁式步进电机可分为反应式(VR)、永磁式(PM)和混合式(HB)三大类;按相数分则可分为单相、两相和多相。本设计使用的是四相步进电机。

2) 步进电机的结构及基本原理

步进电机在结构上由定子和转子组成,可以对旋转角度和转动速度进行高精度控制。当电流流过定子绕组时,定子绕组产生矢量磁场,该矢量磁场会带动转子旋转一定角度,使得转子的一对磁极方向与定子的磁场方向顺着该磁场旋转一个角度。因此,控制电机转子旋转实际上就是以一定的规律控制定子绕组的电流来产生旋转的磁场。每来一个脉冲电压,转子就旋转一个步距角,称为一步。根据电压脉冲的分配方式,步进电机各相绕组的电流轮流切换,在供给连续脉冲时,就能一步一步地连续转动,从而使电机旋转。电机将电能转换成机械能,步进电机将电脉冲转换成特定的旋转运动。每个脉冲所产生的运动是精确的,并可重复,这就是步进电机为什么在定位应用中如此有效的原因。

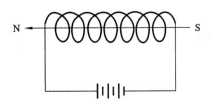

图 6.33　激励线圈产生电磁场

通过电磁感应定律我们很容易知道激励一个线圈绕组将产生一个电磁场,分为北极和南极,如图 6.33 所示。定子产生的磁场使转子转动到与定子磁场对齐。通过改变定子线圈的通电顺序可使电机转子产生连续的旋转运动。

3) 四相步进电机的工作原理

四相步进电机示意图如图 6.34 所示。

开始时,开关 $S_B$ 接通电源,$S_A$、$S_C$、$S_D$ 断开,B 相磁极和转子 0、3 号齿对齐,同时,转子 1、4 号齿和 C、D 相绕组磁极产生错齿,2、5 号齿和 D、A 相绕组磁极产生错齿。

当开关 $S_C$ 接通电源,$S_A$、$S_B$、$S_D$ 断开,C 相绕组的磁力线和 1、4 号齿之间的磁力线相互作用,使转子转动,1、4 号齿和 C 相绕组的磁极对齐。而 0、3 号齿和 A、B 相绕组磁极产生错齿,2、5 号齿就和 A、D 相绕组磁极产生错齿。依此类推,A、B、C、D 四相绕组轮流供电,则转子会沿着 A、B、C、D 方向转动。

四相步进电机按照通电顺序的不同,可分为单四拍、双四拍、八拍三种工作方式。单四拍与双四拍的步距角相等,但单四拍的转动力矩小。八拍工作方式的步距角是单四拍与双四拍的一半,因此,八拍工作方式既可以保持较高的转动力矩又可以提高控制精度。

单四拍、双四拍与八拍工作方式的电源通电时序与波形如图 6.35 所示。

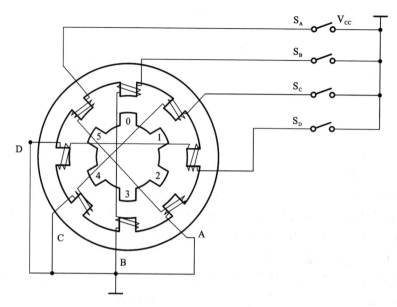

图 6.34 四相步进电机示意图

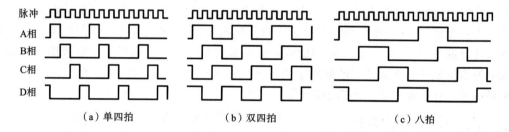

（a）单四拍          （b）双四拍          （c）八拍

图 6.35 步进电机工作时序图

# 附录 1  ANSIC 标准关键字

**附表 1  ANSIC 标准关键字**

| 关　键　字 | 用　途 | 说　明 |
|---|---|---|
| break | 程序语句 | 退出最内层循环体 |
| case | 程序语句 | switch 语句中的选择项 |
| continue | 程序语句 | 转向下一次循环 |
| default | 程序语句 | switch 语句中的失败选择项 |
| do | 程序语句 | 构成 do…while 循环结构 |
| else | 程序语句 | 构成 if…else 选择结构 |
| for | 程序语句 | 构成 for 循环结构 |
| goto | 程序语句 | 构成 goto 转移结构 |
| if | 程序语句 | 构成 if…else 选择结构 |
| return | 程序语句 | 函数返回 |
| switch | 程序语句 | 构成 switch 选择结构 |
| while | 程序语句 | 构成 while 和 do…while 循环结构 |
| char | 数据类型声明 | 单字节整型数据或字符型数据 |
| double | 数据类型声明 | 双精度浮点数 |
| enum | 数据类型声明 | 枚举 |
| float | 数据类型声明 | 单精度浮点数 |
| int | 数据类型声明 | 基本整型数 |
| long | 数据类型声明 | 长整型数 |
| short | 数据类型声明 | 短整型数 |
| signed | 数据类型声明 | 有符号数,二进制数据的最高位为符号位 |
| struct | 数据类型声明 | 结构类型数据 |
| sizeof | 运算符 | 计算表达式或数据类型的字节数 |
| typedef | 数据类型声明 | 数据类型定义 |
| union | 数据类型声明 | 联合类型数据 |
| unsigned | 数据类型声明 | 无符号数据 |
| void | 数据类型声明 | 无类型数据 |

续表

| 关　键　字 | 用　　途 | 说　　明 |
| --- | --- | --- |
| volatile | 数据类型声明 | 说明该变量在程序执行中可被隐含地改变 |
| auto | 存储类型声明 | 用以说明局部变量 |
| extern | 存储类型声明 | 在其他程序模块中说明的全局变量 |
| const | 存储类型声明 | 在程序执行过程中不可修改的变量值 |
| register | 存储类型声明 | 使用 CPU 内部寄存器的变量 |
| static | 存储类型声明 | 静态变量 |

# 附录 2  汇编指令表

附表 1  数据传送类指令

| 说明 | 助记符 | 指令格式 | 指令功能 |
|---|---|---|---|
| 传送指令 | MOV | MOV A, Rn | 寄存器 Rn 中内容传送到累加器 A |
| | | MOV A, direct | 直接地址中内容传送到累加器 A |
| | | MOV A, @Ri | 间接 RAM 单元中内容传送到 A |
| | | MOV A, ♯data | 立即数传送到 A |
| | | MOV Rn, A | A 中内容传送到寄存器 Rn |
| | | MOV Rn, direct | 直接地址中内容传送到 Rn |
| | | MOV Rn, ♯data | 立即数传送到 Rn |
| | | MOV direct, A | A 中内容传送到直接地址 |
| | | MOV direct, Rn | Rn 中内容传送到直接地址 |
| | | MOV direct2, direct1 | 直接地址中内容传送到直接地址 |
| | | MOV direct, @Ri | 间接 RAM 中内容传送到直接地址 |
| | | MOV direct, ♯data | 立即数传送到直接地址 |
| | | MOV @Ri, A | A 中内容传送到间接 RAM 单元 |
| | | MOV @Ri, direct | 直接地址中内容传送到间接 RAM |
| | | MOV @Ri, ♯data | 立即数传送到间接 RAM |
| | | MOV DPTR, ♯data16 | 16 位常数加载到数据指针 |
| 程序存储器访问指令 | MOVC | MOVC A, @A+DPTR | 代码字节送 A(DPTR 为基址) |
| | | MOVC A, @A+PC | 代码字节送 A(PC 为基址) |
| 片外数据存储器访问指令 | MOVX | MOVX A, @Ri | 外部 RAM(8 地址)中内容传送到 A |
| | | MOVX A, @DPTR | 外部 RAM(16 地址)中内容传送到 A |
| | | MOVX @Ri, A | A 中内容传送到外部 RAM(8 地址) |
| | | MOVX @DPTR, A | A 中内容传送到外部 RAM(16 地址) |
| 入栈指令 | PUSH | PUSH direct | 直接地址压入堆栈 |
| 出栈指令 | POP | POP direct | 直接地址弹出堆栈 |
| 数据交换指令 | XCH | XCH A, Rn | Rn 中内容和 A 中内容交换 |
| | | XCH A, direct | 直接地址中内容和 A 中内容交换 |
| | | XCH A, @Ri | 间接 RAM 中内容和 A 中内容交换 |
| | XCHD | XCHD A, @Ri | 间接 RAM 和 A 交换低 4 位字节 |

附表 2　算术运算类指令

| 说明 | 助记符 | 指 令 格 式 | 指 令 功 能 |
|------|--------|-------------|-------------|
| 自加1指令 | INC | INC　A | A 加 1 |
| | | INC Rn | Rn 加 1 |
| | | INC direct | 直接地址加 1 |
| | | INC @Ri | 间接 RAM 加 1 |
| | | INC DPTR | 数据指针加 1 |
| 加法指令 | ADD | ADD A,Rn | Rn 与 A 求和 |
| | | ADD A,direct | 直接地址与 A 求和 |
| | | ADD A,@Ri | 间接 RAM 与 A 求和 |
| | | ADD A,♯data | 立即数与 A 求和 |
| 带进位加法指令 | ADDC | ADDC A,Rn | Rn 与 A 求和（带进位） |
| | | ADDC A,direct | 直接地址与 A 求和（带进位） |
| | | ADDC A,@Ri | 间接 RAM 与 A 求和（带进位） |
| | | ADDC A,♯data | 立即数与 A 求和（带进位） |
| 自减1指令 | DFC | DEC A | A 减 1 |
| | | DEC Rn | Rn 减 1 |
| | | DEC direct | 直接地址减 1 |
| | | DEC @Ri | 间接 RAM 减 1 |
| 带借位减法指令 | SUBB | SUBB A,Rn | A 减去 Rn（带借位） |
| | | SUBB A,direct | A 减去直接地址（带借位） |
| | | SUBB A,@Ri | A 减去间接 RAM（带借位） |
| | | SUBB A,♯data | A 减去立即数（带借位） |
| 乘法指令 | MUL | MUL AB | A 和 B、Rn 相乘 |
| 除法指令 | DIV | DIV AB | A 除以 B、Rn |
| 十进制调整指令 | DA | DA A | A 十进制调整 |

附表3　逻辑运算类指令

| 说　明 | 助记符 | 指　令　格　式 | 指　令　功　能 |
|---|---|---|---|
| 与指令 | ANL | ANL A，Rn | Rn"与"到 A |
| | | ANL A,direct | 直接地址"与"到 A |
| | | ANL A,@Ri | 间接 RAM"与"到 A |
| | | ANL A,♯data | 立即数"与"到 A |
| | | ANL direct,A | A"与"到直接地址 |
| | | ANL direct,♯data | 立即数"与"到直接地址 |
| 或指令 | ORL | ORL A,Rn | Rn"或"到 A |
| | | ORL A,direct | 直接地址"或"到 A |
| | | ORL A,@Ri | 间接 RAM"或"到 A |
| | | ORL A,♯data | 立即数"或"到 A |
| | | ORL direct,A | A"或"到直接地址 |
| | | ORL direct,♯data | 立即数"或"到直接地址 |
| 异或指令 | XRL | XRL A,Rn | Rn"异或"到 A |
| | | XRL A,direct | 直接地址"异或"到 A |
| | | XRL A,@Ri | 间接 RAM"异或"到 A |
| | | XRL A,♯data | 立即数"异或"到 A |
| | | XRL direct,A | A"异或"到直接地址 |
| | | XRL direct，♯data | 立即数"异或"到直接地址 |
| 累加器清零指令 | CLR | CLR A | A 清零 |
| 累加器取反指令 | CPL | CPL A | A 求反 |
| 左移指令 | RL | RL A | A 循环左移 |
| 带进位左移指令 | RLC | RLC A | 带进位 A 循环左移 |
| 右移指令 | RR | RR A | A 循环右移 |
| 带进位右移指令 | RRC | RRC A | 带进位 A 循环右移 |
| 交换指令 | SWAP | SWAP A | A 高、低 4 位交换 |

附表 4　控制转移类指令

| 说明 | 助记符 | 指 令 格 式 | 指 令 功 能 |
|---|---|---|---|
| 无条件<br>转移指令 | JMP | JMP @A+DPTR | 相对 DPTR 的无条件间接转移 |
| | AJMP | AJMP add11 | 无条件绝对转移 |
| | LJMP | LJMP add16 | 无条件长转移 |
| | SJMP | SJMP rel | 无条件相对转移 |
| 条件转移<br>指令 | JZ | JZ rel | A 为 0 则转移 |
| | JNZ | JNZ rel | A 为 1 则转移 |
| 比较指令 | CJNE | CJNE A,direct,rel | 比较直接地址和 A,不相等转移 |
| | | CJNE A,#data,rel | 比较立即数和 A,不相等转移 |
| | | CJNE Rn,#data,rel | 比较立即数和 Rn,不相等转移 |
| | | CJNE @Ri,#data,rel | 比较立即数和间接 RAM,不相等转移 |
| 自减 1<br>不等于 0<br>转移指令 | DJNZ | DJNZ Rn,rel | Rn 减 1,不为 0 则转移 |
| | | DJNZ direct,rel | 直接地址减 1,不为 0 则转移 |
| 空指令 | NOP | NOP | 空操作,用于短暂延时 |
| 子程序<br>调用指令 | ACALL | ACALL add11 | 绝对调用子程序 |
| | LCALL | LCALL add16 | 长调用子程序 |
| 子程序<br>返回指令 | RET | RET | 从子程序返回 |
| | RETI | RETI | 从中断服务子程序返回 |

附表 5　位操作指令

| 说明 | 助记符 | 指 令 格 式 | 指 令 功 能 |
|---|---|---|---|
| 位清零<br>指令 | CLR | CLR C | 清进位位 |
| | | CLR bit | 清直接寻址位 |
| 位置 1<br>指令 | SETB | SETB C | 置位进位位 |
| | | SETB bit | 置位直接寻址位 |
| 位取反<br>指令 | CPL | CPL C | 取反进位位 |
| | | CPL bit | 取反直接寻址位 |
| 位与指令 | ANL | ANL C,bit | 直接寻址位"与"到进位位 |
| | | ANL C,/bit | 直接寻址位的反码"与"到进位位 |
| 位或指令 | ORL | ORL C,bit | 直接寻址位"或"到进位位 |
| | | ORL C,/bit | 直接寻址位的反码"或"到进位位 |

| 说 明 | 助记符 | 指 令 格 式 | 指 令 功 能 |
|---|---|---|---|
| 位传送指令 | MOV | MOV C, bit | 直接寻址位传送到进位位 |
| | | MOV bit, C | 进位位传送到直接寻址位 |
| 位转移指令 | JC | JC rel | 如果进位位为 1 则转移 |
| | JNC | JNC rel | 如果进位位为 0 则转移 |
| | JB | JB bit, rel | 如果直接寻址位为 1 则转移 |
| | JNB | JNB bit, rel | 如果直接寻址位为 0 则转移 |
| | JBC | JBC bit, rel | 直接寻址位为 1 则转移并清除该位 |

# 参 考 文 献

[1] 张毅刚,王少军,付宁. 单片机原理及接口技术[M]. 2 版. 北京:人民邮电出版社,2015.

[2] 李全利. 单片机原理及应用技术[M]. 4 版. 北京:高等教育出版社,2014.

[3] 饶志强,韩彩霞. 单片机原理及应用[M]. 武汉:华中科技大学出版社,2013.

[4] 唐颖. 单片机综合设计实例与实验[M]. 北京:电子工业出版社,2015.

[5] 张毅刚. 单片机原理及应用——C51 编程＋Proteus 仿真[M]. 北京:高等教育出版社,2012.

[6] 姜志海,赵艳雷. 单片机的 C 语言程序设计与应用[M]. 北京:电子工业出版社,2008.

[7] 杨术明. 单片机原理及接口技术[M]. 2 版. 武汉:华中科技大学出版社,2018.

[8] 罗维平,李德骏. 单片机原理及应用[M]. 武汉:华中科技大学出版社,2012.

[9] 刘德全. Proteus 8——电子线路设计与仿真[M]. 2 版. 北京:清华大学出版社,2014.

[10] 韩彩霞,邓明华. 单片机原理及应用[M]. 武汉:华中科技大学出版社,2015.